迷失博物馆

[美] 埃莉诺·梅 著 [美] 德博拉·梅尔蒙 绘 陈青 译

江苏凤凰少年儿童出版社

序 言

亲爱的家长朋友和老师们：

我常常听到不少孩子说：“数学可真难啊！”每个说这句话的孩子甚至大人，多多少少都对数学有畏难心理。

数学真的这么难吗？其实不然。我们想为初次接触数学的孩子创造一个奇妙而亲切的数学世界：在这里，数学不再是纸上枯燥的数字，而是日常生活的一部分，甚至是一场神奇的探险。

在“鼠小弟爱数学”系列图书中，孩子们会情不自禁地跟随艾伯和艾达这对机智、可爱的姐弟，一起解决“小如鼠”的问题和“大如猫”的麻烦！

这套书里的每个故事都会介绍一个基础的数学概念。在故事里，小老鼠们用回形针测量长短，把大鞋子搬回家当游戏屋；自己动手做小蛋糕，在制作的过程中学会“第 1 步”“第 2 步”等序数词；生日当天收到精美的礼物，认识了球体、圆锥体、正方体；上学后，理解了昨天、今天和明天，弄清楚了星期的概念……瞧，这就是数学，让孩子越学越开心！每本书都附有好玩的活动和小游戏，让数学概念更加清晰，便于孩子理解、记忆和学习，还能够引导孩子思考、讨论数学，并将其运用到生活中去。

我们的出版团队由学前教育专家组成，他们曾参与许多数学和语言教材的编写工作。我们为 5~9 岁孩子编写的“数学帮帮忙”系列，曾获美国《学习杂志》“教师推荐儿童读物奖”。而“鼠小弟爱数学”系列就是《数学帮帮忙》的幼儿启蒙版，我们衷心希望每本书都能给孩子、家长和老师带来帮助。

值得一提的是，“鼠小弟爱数学”系列图书也是一套出色的幼儿生活绘本，每个故事都蕴含着成长的道理。希望孩子们能一遍又一遍地听和读这些故事，长大后充满热情地学习数学，并用数学这个有力的工具，去探索我们生活的这个世界！

琼安·凯恩

Joanne Kane

美国资深儿童教育专家

“数学帮帮忙”“鼠小弟爱数学”系列图书原出版人

这天，小老鼠们来参观鼠类博物馆。

“这里看起来太有意思了！”艾伯说，“咱们先看哪一边呢？”

姐姐艾达指着**左边**说：“我想先去看看木乃伊。”

“我也想看！”艾达的朋友露西说，“一起去吧，梅妮。”

露西拉着表妹梅妮的手就走，可是梅妮不想去那边。

露西把梅妮往**左边**拉。

梅妮把露西往**右边**拉。

“我看梅妮是想去互动游戏区那边玩。”利奥说。

“我也喜欢互动游戏区！”艾伯说，“我和利奥带梅妮去那里玩吧，你们可以先去看木乃伊。”

“好吧，那你们一定要照顾好梅妮啊。”露西提醒道。

“放心吧！”艾伯说，“我们会照看好她的。”

一进互动游戏区，梅妮就**直走**到沙堆那儿去挖掘化石了。

艾伯和利奥搭了一座大桥……

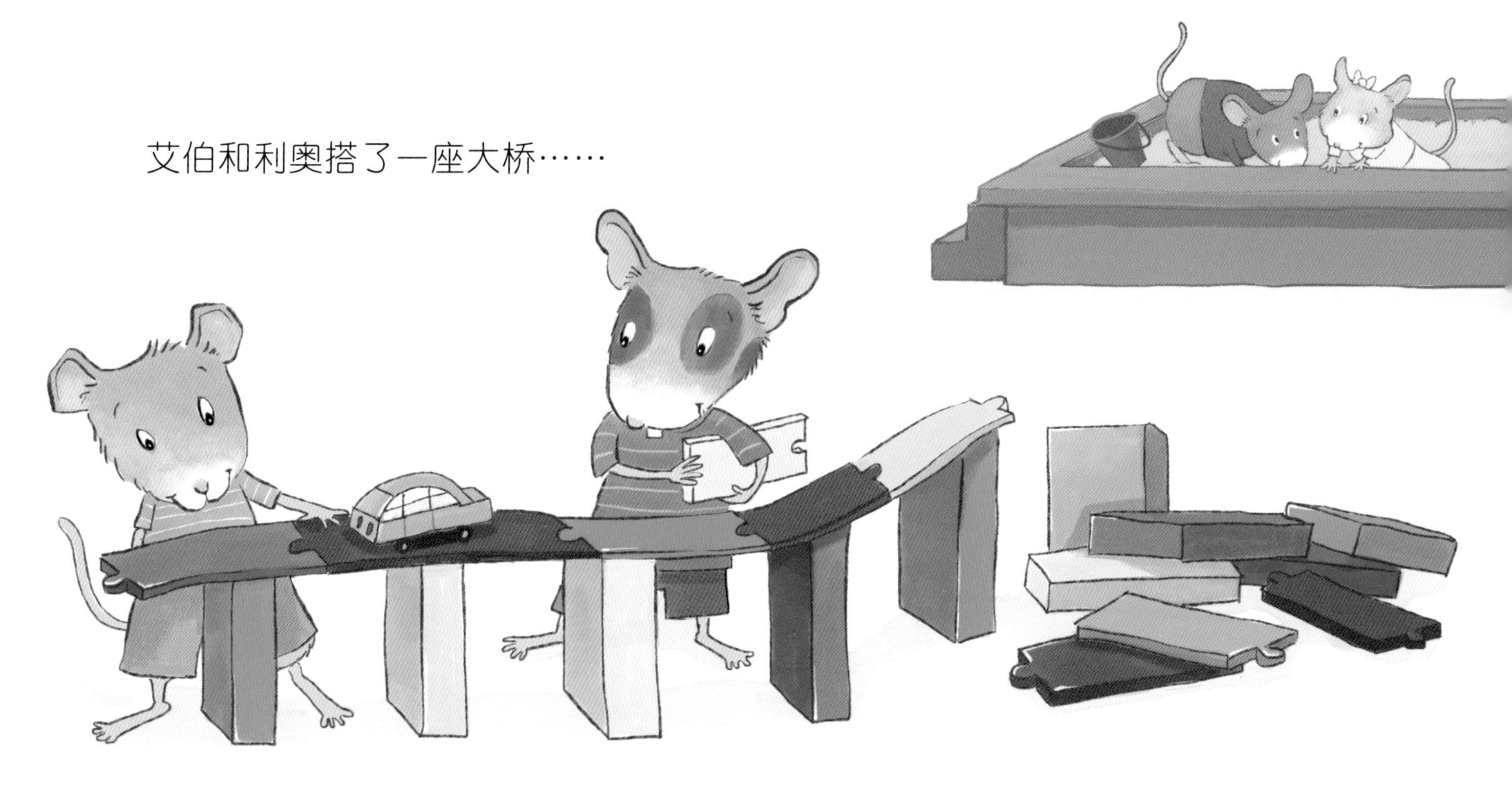

然后，他们又把大桥推倒了……

过了一会儿，利奥问：“梅妮去哪儿了？”

艾伯看看四周，紧张地说道：“啊，不会吧！她不见了！”

艾伯和利奥赶紧冲到大厅。

往**左边**看看，没有梅妮。

往**右边**看看，也没有梅妮。

“我们必须赶紧找到她！”利奥说，

“我去**左边**找，你去**右边**找。”

“好的！”艾伯说。

艾伯走到了“世界名鼠堂”展厅。

“梅妮？”他一边走，一边喊。

“哎哟！”艾伯看到一个可怕的猫面具，吓了一大跳。

梅妮肯定不在这儿。

艾伯这儿翻翻，那儿找找，

可是哪儿都没有看到梅妮。

走到下一个展厅，他看见了利奥。

“你也没找到梅妮吗？”艾伯问。

“是啊，姐姐们马上就要回来了！”利奥唉声叹气地说。

“她能去哪儿呢？”艾伯说，

“我是从**右边**过来的，你是从**左边**过来的。”

他指着前面说：“只有这个方向我们还没有找过。”

于是，艾伯和利奥急匆匆地跑进“神奇科学展”的展厅。

“现在，我们要怎么找？”艾伯问道。

利奥说："咱们去**左边**找找吧，**左边**是昆虫展。"

"梅妮喜欢昆虫吗？"艾伯问。

"我不知道，"利奥说，"不过我喜欢！"

“嘿，等一下！”艾伯指着另一边，

“那不是梅妮吗！她要进巨鼠消化空间站了！”

艾伯和利奥冲上斜坡。

一只小老鼠正往巨鼠嘴巴里钻，利奥一把抓住了她的裙边——“抓到你了！”

但她不是梅妮……

小老鼠吓得放声大哭起来，她的妈妈怒气冲冲地瞪着眼睛。

“快跑！”艾伯一把抓住利奥的手，赶紧滑了下去。

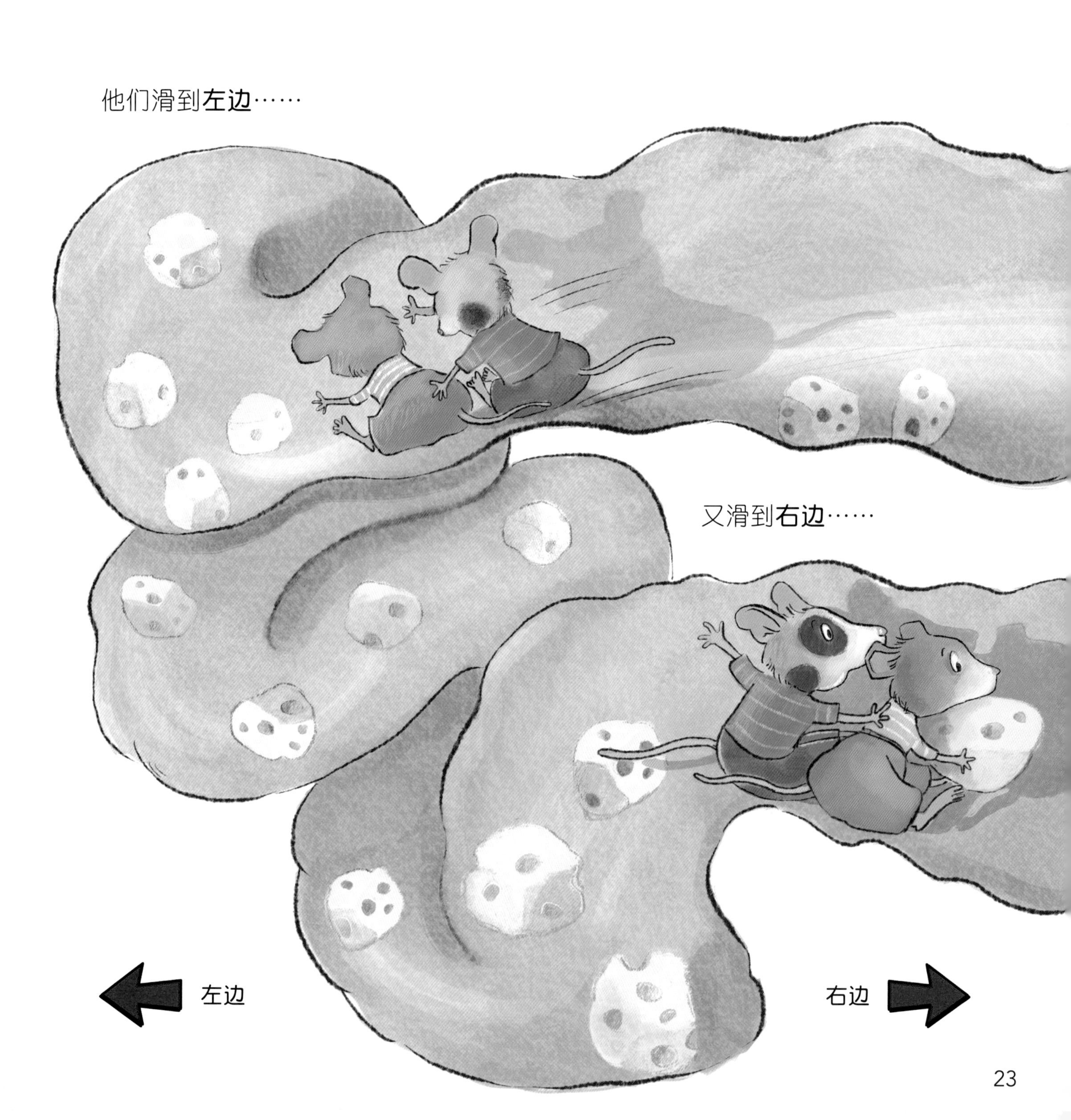
他们滑到**左边**……
又滑到**右边**……
左边
右边

然后从底部冲了出来。

“我们出去吧！”利奥说。

艾伯和利奥匆匆跑向旁边的出入口。

“我们又回到‘互动游戏区’了！”艾伯说。

“快看！”

"是梅妮！"

"我真不敢相信！"利奥说，

"原来她把自己埋在沙子里了，我想她应该一直都在这儿。"

这时，艾达和露西走了过来。

“谢谢你们照看梅妮！”露西说，

“现在，轮到你们去好好逛博物馆啦。”

艾伯看了看利奥，

利奥也看了看艾伯。

“你知道吗？”艾伯说，

“我觉得我们已经逛够了！”

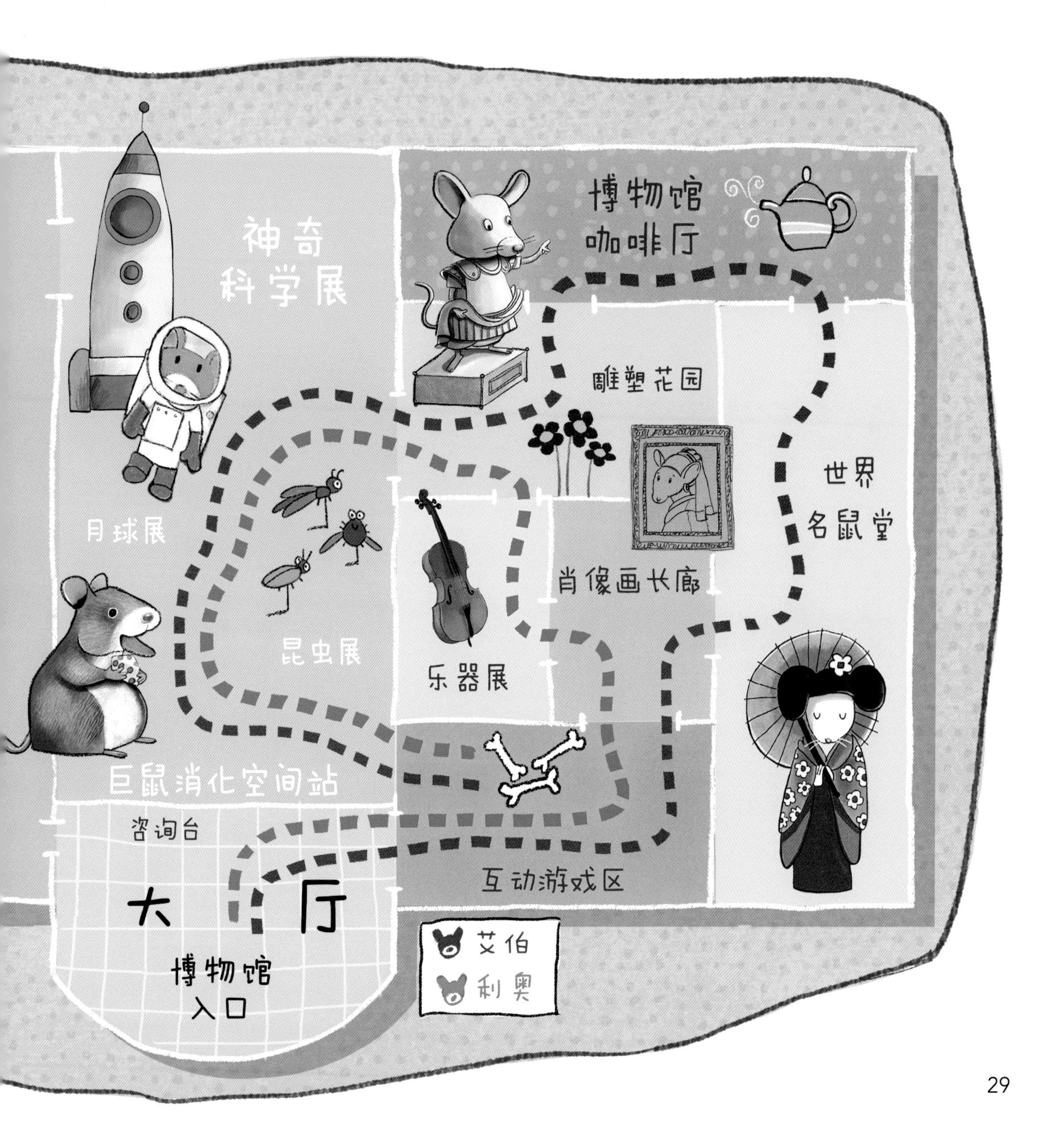
博物馆
咖啡厅
神奇
科学展
雕塑花园
世界
名鼠堂
月球展
肖像画长廊
昆虫展
乐器展
巨鼠消化空间站
咨询台
互动游戏区
大 厅
博物馆
入口
艾伯
利奥

《迷失博物馆》能够帮助孩子理解数学启蒙中的一个重要知识点——**左右方向**。和孩子一起做一做下面的活动，帮助他进一步拓展数学思维，提升阅读能力。

读前猜一猜

▶ 让孩子仔细观察本书封面，提示他封面透露了一些故事内容。

▶ 在读出书名之前，问问他："你觉得这个故事发生在什么地方？"问问孩子有没有去过和图片类似的地方，或者见过像图中展品一样的东西。再问问孩子："你觉得这个故事可能是关于什么的？"

▶ 问问孩子有没有去过博物馆，使用过博物馆楼层导览图吗？为什么人们在参观博物馆时要使用楼层导览图？

▶ 现在和孩子一起读一读这个故事，看看是谁走丢了，艾伯和利奥为了寻找走丢的小老鼠都做了些什么。

读后说一说

▶ 读完故事后，问问孩子："为什么艾伯和利奥会觉得梅妮走丢了？她真的走丢了吗？梅妮在哪里呢？"

▶ 鼓励孩子回想一下，艾伯和利奥在寻找梅妮的过程中所使用的方位词。回顾第 11 页、第 12 页，向孩子强调并演示方位词"左"和"右"，指出艾伯和利奥是如何向左、向右走的。

▶ 和孩子一起，在一大张白纸上创作出一幅像第 28 页、第 29 页那样的地图。用红笔画出艾伯的行走路线，用蓝笔画出利奥的行走路线。

▶ 还可以问问孩子这些问题：

故事最后，艾伯和利奥发现梅妮时，她在做什么？她害怕吗？为什么？

艾达和露西知道发生了什么吗？

为什么艾伯和利奥说，他们不用再去逛博物馆其他地方了？

动手做一做

▶ 和孩子一起，用纸胶带做一个迷宫。在游戏开始前，让孩子复习一下第 6 页中的方位词“左边”和“右边”，以及对应的箭头，再回顾一下第 8 页中的方位词“直走”，确保孩子理解这三个词的意思，然后开始游戏。

▶ 在房间的地板上选一个位置作为迷宫的起点，并用纸胶带贴一个“×”。

▶ 在整个房间中贴纸胶带制作迷宫，贴出向左、向右转的直角路线。在用纸胶带贴出路线的同时，大声说出行动方向“向左”“向右”和“直走”。

▶ 选一个位置作为迷宫的终点，并用纸胶带在地板上贴一个“○”。可以在终点处放橡皮、贴纸等作为孩子顺利通关的奖励。

▶ 让孩子开始走迷宫，并鼓励他在走迷宫的过程中，根据行进路线正确喊出“向左”“向右”和“直走”三个词。

开心玩一玩

小指挥艾伯

▶ 这是一个集体游戏，需要几个孩子一起玩。由一个孩子扮演艾伯，背靠墙壁、面朝房间站立，其他孩子在“艾伯”面前背对着他站成一排。这样一来，所有人的“左”和“右”就一致了，所有人都能认知到同样的“左”和“右”。

▶ 让“艾伯”喊出指令，比如：“向右走两步！”“直走一步！”

▶ 谁没有按照指令走，谁就必须在下一个指令中保持不动，直到再下一个指令才可以重新走动。

▶ 游戏的目标是到达大家对面的墙壁。只要有人到达了对面的墙壁，就可以换人扮演“艾伯”，开始新一轮游戏。

4~6岁

鼠小弟爱数学

星期

上学第一周

[美] 埃莉诺·梅 著 [美] 德博拉·梅尔蒙 绘 陈青 译

江苏凤凰少年儿童出版社

序 言

亲爱的家长朋友和老师们：

我常常听到不少孩子说：“数学可真难啊！”每个说这句话的孩子甚至大人，多多少少都对数学有畏难心理。

数学真的这么难吗？其实不然。我们想为初次接触数学的孩子创造一个奇妙而亲切的数学世界：在这里，数学不再是纸上枯燥的数字，而是日常生活的一部分，甚至是一场神奇的探险。

在“鼠小弟爱数学”系列图书中，孩子们会情不自禁地跟随艾伯和艾达这对机智、可爱的姐弟，一起解决“小如鼠”的问题和“大如猫”的麻烦！

这套书里的每个故事都会介绍一个基础的数学概念。在故事里，小老鼠们用回形针测量长短，把大鞋子搬回家当游戏屋；自己动手做小蛋糕，在制作的过程中学会“第 1 步”“第 2 步”等序数词；生日当天收到精美的礼物，认识了球体、圆锥体、正方体；上学后，理解了昨天、今天和明天，弄清楚了星期的概念……瞧，这就是数学，让孩子越学越开心！每本书都附有好玩的活动和小游戏，让数学概念更加清晰，便于孩子理解、记忆和学习，还能够引导孩子思考、讨论数学，并将其运用到生活中去。

我们的出版团队由学前教育专家组成，他们曾参与许多数学和语言教材的编写工作。我们为 5~9 岁孩子编写的“数学帮帮忙”系列，曾获美国《学习杂志》“教师推荐儿童读物奖”。而“鼠小弟爱数学”系列就是《数学帮帮忙》的幼儿启蒙版，我们衷心希望每本书都能给孩子、家长和老师带来帮助。

值得一提的是，“鼠小弟爱数学”系列图书也是一套出色的幼儿生活绘本，每个故事都蕴含着成长的道理。希望孩子们能一遍又一遍地听和读这些故事，长大后充满热情地学习数学，并用数学这个有力的工具，去探索我们生活的这个世界！

琼安・凯恩

Joanne Kane

美国资深儿童教育专家

“数学帮帮忙”“鼠小弟爱数学”系列图书原出版人

星期日晚上，艾伯迫不及待地要上床睡觉。

明天可是一个重要的日子——他第一天去上学！

“学校里真的会教手指画吗？”他问姐姐艾达，

“我们真的可以弹钢琴吗？

你确定老师会允许我喂班级里的宠物吗？”

艾达笑着说：“对，是的，没错！”

星期一到了，艾达把艾伯送到他的教室。

“你好，艾伯！”蒙奇老师说，

“欢迎你来到学校！”

“艾伯！”几分钟后，蒙奇老师问，

“你在干什么呢？”

“我在拿手指画的颜料。”艾伯回答道。

“今天是星期一，”蒙奇老师解释说，

“美术课在星期二，明天我们才可以画画。”

“啊哦，”艾伯说，“可是在家里，我想什么时候画就什么时候画。”

老师搂住了艾伯的肩膀，说：

“对，在家里可以。但这里是学校哦，要按每周日程表来。”

放学回家的路上，艾达问艾伯：

“第一天上学感觉怎么样？”

“我今天想画画，但老师没同意。”艾伯说。

“那你做了些什么？”艾达问。

“我们在图书馆里听故事，还看了布偶表演。”艾伯说。

艾达笑了：“听起来很好玩呀！”

“是挺好玩的，”艾伯说，“但我还是想画画。”

第二天是**星期二**。

“今天是美术日！”蒙奇老师宣布。

星期日	星期一	星期二	星期三	星期四	星期五	星期六

画完画，艾伯走到鱼缸旁边。

“米妮好像饿了，”他说，“我得给它喂点儿吃的。”

“艾伯，等一下！”美美喊起来，

“今天是星期二，应该由我来喂鱼。

明天才轮到你呢。”

“我今天画画了，”放学后艾伯对艾达说，

“但是我没能喂我们班的宠物鱼。在家里，我每天都能喂闪电。”

艾达说：“学校和家里是不太一样，但也很好玩。”

接着是**星期三**。

艾伯兴高采烈地说："今天轮到我喂鱼啦！"

喂完米妮，他走到了钢琴旁边。

“艾伯！”蒙奇老师问，“你在干什么呢？”

“弹钢琴呀！”艾伯说，“今天是音乐日！”

蒙奇老师说：“是的，不过现在是午休时间哦。”

“在家里，我只有累了才休息。”艾伯说。

蒙奇老师叹了口气。

“我知道，”艾伯说，“可这里是学校。”

星期四是运动日。

艾伯和同学们一起玩“猫来了”和“抛奶酪”游戏。

当老师说下课时，

艾伯说：“这么快游戏就结束了吗？在家里——”

蒙奇老师提醒道：“艾伯，你又忘啦？”

星期日	星期一	星期二	星期三	星期四	星期五	星期六

艾伯笑了起来："在家里我们根本玩不了这些游戏！"

到了**星期五**，蒙奇老师给大家带来了一个惊喜。

“我们班来了一位新同学！”她对大家说，

“这是可可。谁愿意带可可参观一下教室？”

艾伯“唰”地举起手。

星期日	星期一	星期二	星期三	星期四	星期五	星期六

艾伯带可可看了看鱼缸。

“她叫米妮，”艾伯说，“是我们班的小宠物。”

“我可以喂它吗？”可可问。

“下周就能轮到你喂啦，”艾伯解释说，

“**今天**是星期五，轮到瑞儿喂鱼了。**昨天**是查理喂的，**前天**是我喂的。”

“我们每天都做不同的事，”艾伯说，

“星期一是阅读日，星期二是美术日，星期三是音乐日，

星期四是运动日。今天是点心日，我们要自己做小点心。”

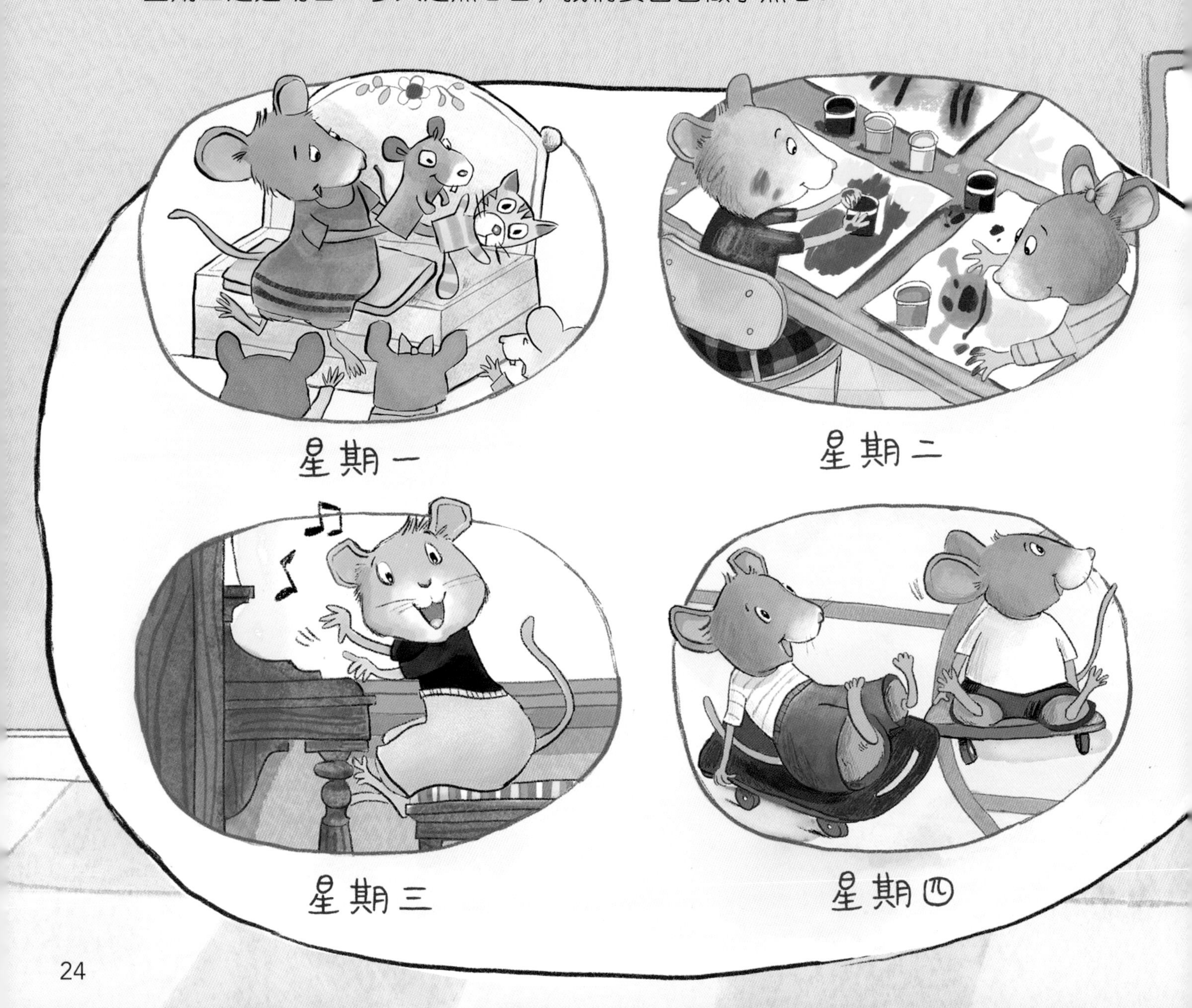

“在家里，有时候我会帮忙做点心。”可可说。

“我也是！”艾伯说，“但在这里不太一样……”

“这里是学校！”

“我们班来了一位新同学，”放学后，艾伯告诉艾达，

“明天，课间休息的时候我想和他一起玩。”

“可明天是星期六，”艾达说，“星期六我们不用上学。”

“不用上学？”艾伯失望地低下了头。

“在家里你想干什么就能干什么，”艾达提醒他，

“你可以看书、休息、画画、玩玩具——想什么时候就什么时候。”

艾伯一下子又兴奋起来：“对呀！这些我都可以做！

你知道我想做的第一件事是什么吗？”

“我打算和闪电玩过家家‘去上学’！”

有趣的活动

《上学第一周》能够帮助孩子理解数学启蒙中的一个重要知识点——**星期的概念**。和孩子一起做一做下面的活动，帮助他进一步拓展数学思维，提升阅读能力。

读前猜一猜

▶ 让孩子仔细观察封面，告诉他封面插图能传递出很多故事信息。

▶ 在讲故事之前，大声读出书名。问问孩子："你觉得这个故事发生在什么地方？它会讲些什么？"

▶ 问问孩子每星期上学的那几天，他在幼儿园都会做些什么。

▶ 问问孩子："你知道上小学后，在学校里要做哪些事情吗？"（有些孩子可能会从已经上学的哥哥姐姐那里听到关于学校的各种事情。）

▶ 现在读读这个故事，看看艾伯在学校都会做哪些有意思的事，这些事分别是在星期几做的。

读后说一说

▶ 读完故事后，问问孩子："艾伯上学时兴奋吗？为什么呢？"

▶ 问问孩子："艾伯在学校里会做哪些不同的事？"

▶ 问问孩子："艾伯知道学校里有一张每周日程表吗？是谁告诉他有这张表的呢？艾伯按照表里的安排做了吗？"

▶ 问问孩子："通过每周日程表，艾伯能了解些什么？"帮助孩子回想一下：日程表上，从星期一到星期五已按顺序排好，并为每天安排了活动。

▶ 根据故事，将艾伯学校的日程表重新绘制在一张大纸上，从星期一开始，按顺序列出一周中的每一天，并写下每天对应的活动。

▶ 和孩子一起齐声朗读这张表。

星期一　　阅读日

星期二　　美术日

星期三　　音乐日

星期四　　运动日

星期五　　点心日

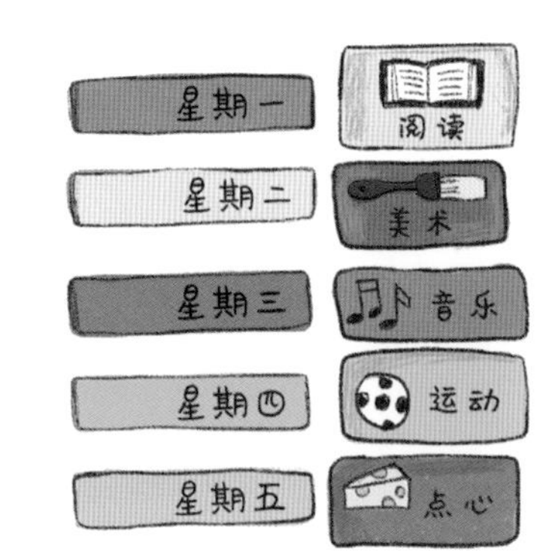

动手做一做

▶ 在一大张白纸上，从星期一到星期日，按顺序写下每天的名称。和孩子复习一下“昨天”“今天”“明天”三个词的意思。

▶ 给孩子演示一下如何扮演老师。指着某一天（应是星期一到星期五中的某一天，因为这是孩子上学的日子）说：“今天是星期×。”然后提问：“昨天是星期几？”“明天是星期几？”接着请孩子扮演老师提问，要让他用上“星期×”“昨天”“今天”“明天”这些词。

▶ 可以几个孩子一起玩，轮流扮演老师，像上面演示的那样提问。

开心玩一玩

▶ 准备彩笔、订书机和一些纸。(纸的数量取决于孩子写的字、画的画的大小。)

▶ 为孩子写下或让他自己写下：在星期一，我喜欢＿＿＿＿＿＿＿＿＿＿＿＿＿＿＿＿。

▶ 让孩子把句子补充完整（也可以孩子说家长写），并在句子后画下相应的图画。用类似的开头，让孩子写完、画完一周中每天自己喜欢做的事，直到星期日。

▶ 等孩子写完、画完以后，帮他把 7 张纸按顺序订在一起，做成一本《一周日程手册》。还可以邀请小伙伴一起做，大家分享各自的《一周日程手册》。

露营啦，别掉队！

[美] 埃莉诺·梅 著 [美] 德博拉·梅尔蒙 绘 陈青 译

江苏凤凰少年儿童出版社

序 言

亲爱的家长朋友和老师们：

我常常听到不少孩子说：“数学可真难啊！”每个说这句话的孩子甚至大人，多多少少都对数学有畏难心理。

数学真的这么难吗？其实不然。我们想为初次接触数学的孩子创造一个奇妙而亲切的数学世界：在这里，数学不再是纸上枯燥的数字，而是日常生活的一部分，甚至是一场神奇的探险。

在“鼠小弟爱数学”系列图书中，孩子们会情不自禁地跟随艾伯和艾达这对机智、可爱的姐弟，一起解决“小如鼠”的问题和“大如猫”的麻烦！

这套书里的每个故事都会介绍一个基础的数学概念。在故事里，小老鼠们用回形针测量长短，把大鞋子搬回家当游戏屋；自己动手做小蛋糕，在制作的过程中学会“第 1 步”“第 2 步”等序数词；生日当天收到精美的礼物，认识了球体、圆锥体、正方体；上学后，理解了昨天、今天和明天，弄清楚了星期的概念……瞧，这就是数学，让孩子越学越开心！每本书都附有好玩的活动和小游戏，让数学概念更加清晰，便于孩子理解、记忆和学习，还能够引导孩子思考、讨论数学，并将其运用到生活中去。

我们的出版团队由学前教育专家组成，他们曾参与许多数学和语言教材的编写工作。我们为 5~9 岁孩子编写的“数学帮帮忙”系列，曾获美国《学习杂志》“教师推荐儿童读物奖”。而“鼠小弟爱数学”系列就是《数学帮帮忙》的幼儿启蒙版，我们衷心希望每本书都能给孩子、家长和老师带来帮助。

值得一提的是，“鼠小弟爱数学”系列图书也是一套出色的幼儿生活绘本，每个故事都蕴含着成长的道理。希望孩子们能一遍又一遍地听和读这些故事，长大后充满热情地学习数学，并用数学这个有力的工具，去探索我们生活的这个世界！

琼安 · 凯恩

Joanne Kane

美国资深儿童教育专家

“数学帮帮忙”“鼠小弟爱数学”系列图书原出版人

“好啦，队员们！”啃啃探险队队长安妮大喊，
“露营时间到了，我们该出发了！”
探险队队员们欢呼起来！

为了确保 10 位队员都到齐了，安妮开始数老鼠尾巴。

“**1**、**2**、**3**、**4**、**5**，”她一条一条地数，“**6**、**7**、**8**、**9**……

等等！怎么只有 9 条，艾伯去哪儿了？”

艾伯的姐姐艾达赶紧跑回家找他。

“艾伯，快点儿！”她说，“大家都准备好啦。”

“我在等闪电跟上来呢。”艾伯解释说。

“你要带闪电去露营？”艾达看了看他们的宠物蜗牛，

“艾伯，我不确定蜗牛会不会喜欢徒步旅行。”

“嗯……”艾伯皱起眉头想了想，“也许你说得对。”

于是，他把闪电送回了家。

不一会儿，艾伯又从屋里出来了：“看，问题解决了！

闪电可以坐在我的红色小拉车里，这样它就不用徒步了！”

艾达和艾伯带着蜗牛，赶紧回到了队伍中。

安妮重新开始数尾巴：

“**1、2、3、4、5、6、7、8、9、10**。一共 10 只小老鼠！”

这时，艾伯补充道：“还有一只蜗牛！”

安妮领着探险队队员们走进了森林。

“加油！探险家们！”她说，“我们还有很长一段路要走呢！”

小老鼠们先奋力上坡……

再慢慢下坡。

不一会儿，他们在一条小溪边停了下来。

“我饿得能吃下一整只花栗鼠！”查理说。

安妮笑了：“还是来点儿奶酪泡芙吧，怎么样？”

安妮准备分给十位队员每人两块奶酪泡芙，于是就两个两个地数。

“**2、4、6、8、10、12、14、16、18**……”数着数着，她停了下来。

“怎么剩两块？艾伯去哪儿了？”

“我在树上！”艾伯挂在一根灌木树枝上大声喊，

“我在给闪电找点心吃。你们知道的，蜗牛不吃奶酪泡芙。”

艾伯跳回到地上。

安妮把最后两块奶酪泡芙递给艾伯，又数了一遍。

“2、4、6、8、10、12、14、16、18、20。

现在，每位队员都有两块奶酪泡芙了。”

艾伯说：“还有两片新鲜美味的叶子给闪电！”

终于，探险队队员们到达了他们休息的营地。

安妮队长向大家演示怎么搭帐篷。

“我会给你们发钉子，用钉子固定住帐篷，帐篷就不会被风吹跑了。”

安妮说，“每顶帐篷需要五枚钉子。”

安妮五个五个地数，把钉子发给大家。

“**5、10、15、20、25、30、35、40、45**……”

她举起最后五枚钉子，问道：“这回艾伯又去哪儿了？”

艾伯从耷拉的帐篷里探出脑袋，说：“我的帐篷撑不起来！”

“你的帐篷杆呢？”艾达问。

“帐篷杆？”艾伯一愣，“哎呀，糟了！”

“你没有带帐篷杆？”艾达惊讶地叫起来。

“不，我装进包里了！”艾伯说，“但是刚才上坡的时候，

车子太重了，我就扔了一些包里的东西，

打算回去的路上再把它们捡回来。”

“我们俩可以挤在一顶帐篷里，”

艾达说，“不过闪电只能睡在外面了。”

“闪电不需要帐篷，”艾伯说，“它随身背着一栋房子呢！”

“现在该生篝火啦！”安妮队长宣布。

她让队员们去森林里找干燥的小树枝。

“如果每位队员能捡到十根树枝，我们就能生一堆很旺的篝火。”

安妮看了看艾伯，“我说的是每一位队员。明白了吗？”

等队员们抱着满满的树枝回来，安妮开始十根十根地数。

“**10、20、30、40、50、60、70、80、90**……

天哪，不会吧，又来了！”

“艾伯，你去哪儿了？”所有的探险队队员们齐声喊道。

“我在这儿！”艾伯答道。

他跑回来，把捡到的一堆树枝放在地上：“这里有九根。”

“九根？”安妮说，“可是……”

没等她说完，艾伯又跑回了森林里。

“这是第十根！”艾伯骄傲地说，“是闪电找到的。

幸好我们带了小拉车，对吧，闪电？”

安妮重新十根十根地数。

这一次，所有的队员都一起数了起来——

“10、20、30、40、50、60、70、80、90、100！”

60
70
80
90
100

大家围着篝火坐下来，安妮给队员们分发歌词本。

“1、2、3、4、5，”她一边发，一边数，“6、7、8、9……”

“**10！**”艾伯一边报出最后一个数，一边接过最后一本歌词本。

“别担心——闪电可以和我一起看。”

《露营啦，别掉队！》能够帮助孩子理解数学启蒙中的重要知识点——**数数和跳数**。和孩子一起做一做下面的活动，帮助他进一步拓展数学思维，提升阅读能力。

读前猜一猜

▶ 在读故事之前，让孩子仔细观察封面插图，提示他插图会透露很多故事信息。然后问问孩子："你觉得这个故事讲了什么？它发生在哪里？小老鼠们遇到问题了吗？是什么问题呢？"然后再大声读出书名，让孩子猜猜谁掉队了。

▶ 问问孩子知不知道什么叫露营，他参加过露营吗。再问问他："你知道露营时要注意些什么吗？"和孩子一起，了解露营时需要遵守的各项规则。

▶ 让孩子列一列外出露营需要准备哪些东西，把他的回答记在纸上。读完故事后，重新回顾一下这些答案，并把漏掉的物品补充上去。

▶ 现在开始读故事吧，看看艾伯和探险队队员们一起露营时，发生了哪些有趣的事。

读后说一说

读完故事后，让孩子回顾一下整个故事：

▶ 当安妮队长第一次数数，从 1 到 10 一个一个地数时，艾伯在哪里？

▶ 当安妮队长第二次数数，从 2 到 20 两个两个地数时，艾伯在哪里？

▶ 当安妮队长第三次数数，从 5 到 50 五个五个地数时，艾伯在哪里？

▶ 当安妮队长第四次数数，从 10 到 100 十个十个地数时，艾伯在哪里？

和孩子讨论以下问题，并让孩子说说自己的想法：

▶ 艾伯独自离开团队安全吗？为什么这么说呢？

▶ 如果你也是探险队的一员，当艾伯去给闪电找美味零食的时候，你会对艾伯或安妮说些什么？

动手做一做

一起来数数

▶ 这是一个集体游戏，可以和小伙伴一起玩。让孩子们在地毯或小椅子上围坐成一个圈。告诉他们游戏规则是一个一个地、两个两个地、五个五个地、十个十个地数数。第一轮先练习一下，让孩子们轮流一个一个地数数（看看他们最多能正确地数到多少）。如果有孩子数错了，就让他向后退出这个圆圈，留在圈里的孩子互相靠拢，继续数数。

▶ 孩子熟悉规则后，重新让所有孩子围坐成一个圈。这次让孩子两个两个地跳着数（之后还可以五个五个、十个十个地跳着数）。可以选一个数作为数数的终点，比如 100，数到 100 后再重新开始。孩子玩的次数越多，就越有可能大家都留在圈里，顺利数完所有数字！

开心玩一玩

数数更简单

▶ 准备一个袋子，装好 100 颗纽扣或其他可数的小东西，一块秒表。先让孩子一颗一颗地数袋子里的纽扣，同时用秒表计时，看看数完需要多长时间，把结果记录在纸上。

▶ 接着，让孩子把纽扣每两颗分成一组，两个两个地跳数，记下这次数数花费的时间。同样，再分别记下五个五个地数、十个十个地数花费的时间。

▶ 让孩子比一比，不同的数法各需要多少时间，哪种用时最少？为什么？问问孩子，当需要快速数数时，跳数是不是很有用？还有什么场景需要跳数呢？

4～6岁

鼠小弟爱数学

非标准单位测量

奇妙鞋子屋

[美]詹尼弗·达斯林 著 [美]德博拉·梅尔蒙 绘 陈青 译

江苏凤凰少年儿童出版社

序 言

亲爱的家长朋友和老师们：

我常常听到不少孩子说："数学可真难啊！"每个说这句话的孩子甚至大人，多多少少都对数学有畏难心理。

数学真的这么难吗？其实不然。我们想为初次接触数学的孩子创造一个奇妙而亲切的数学世界：在这里，数学不再是纸上枯燥的数字，而是日常生活的一部分，甚至是一场神奇的探险。

在"鼠小弟爱数学"系列图书中，孩子们会情不自禁地跟随艾伯和艾达这对机智、可爱的姐弟，一起解决"小如鼠"的问题和"大如猫"的麻烦！

这套书里的每个故事都会介绍一个基础的数学概念。在故事里，小老鼠们用回形针测量长短，把大鞋子搬回家当游戏屋；自己动手做小蛋糕，在制作的过程中学会"第 1 步""第 2 步"等序数词；生日当天收到精美的礼物，认识了球体、圆锥体、正方体；上学后，理解了昨天、今天和明天，弄清楚了星期的概念……瞧，这就是数学，让孩子越学越开心！每本书都附有好玩的活动和小游戏，让数学概念更加清晰，便于孩子理解、记忆和学习，还能够引导孩子思考、讨论数学，并将其运用到生活中去。

我们的出版团队由学前教育专家组成，他们曾参与许多数学和语言教材的编写工作。我们为 5~9 岁孩子编写的"数学帮帮忙"系列，曾获美国《学习杂志》"教师推荐儿童读物奖"。而"鼠小弟爱数学"系列就是《数学帮帮忙》的幼儿启蒙版，我们衷心希望每本书都能给孩子、家长和老师带来帮助。

值得一提的是，"鼠小弟爱数学"系列图书也是一套出色的幼儿生活绘本，每个故事都蕴含着成长的道理。希望孩子们能一遍又一遍地听和读这些故事，长大后充满热情地学习数学，并用数学这个有力的工具，去探索我们生活的这个世界！

琼安・凯恩

Joanne Kane

美国资深儿童教育专家

"数学帮帮忙""鼠小弟爱数学"系列图书原出版人

艾伯和姐姐艾达去人类的院子里摘浆果，摘了满满两书包。

回家的路上，艾伯忽然发现前面的草丛里有什么奇怪的东西。

他一把抓住艾达的胳膊：“瞧，那是什么？”

姐弟俩慢慢走上前去。

那东西真大、真红，那是……

一只人类的鞋子!

艾伯兴奋得又蹦又跳，这只鞋是他见过的最酷的东西!

可是，它为什么偏偏在这儿呢，

这里正好是大猫球球可能会来的地方。

以前，球球总能赶在艾伯前面抢到一些超棒的东西：一根长长的斑纹羽毛啦，一只粉色的皮球啦，一块掉在地上的热狗面包啦。

这一次，决不能再让他抢先了！

“艾达，我们必须把这只鞋子带回家！”艾伯说，

“把它放在游戏房里，我们就有一个鞋屋活动室了！”

艾达仔细地打量着这只鞋，“它确实是一个完美的鞋屋，”
她说，“可是它又大又沉，离家又那么远。
我可不想搬回去却发现家里根本放不下。”

“那怎么办呢？要不我们先量量鞋子的大小吧。”艾伯提议。

“可是，我们没有尺子。”艾达说。

“有办法了！”艾伯灵机一动，“我可以用脚量。”

他走到鞋子旁边，前脚挨着后脚一步步往前挪，

边走边数：“1、2、3……”一直数到

鞋子的另一头：“一共 12 步。”

12 步（艾伯的脚）

艾达点点头说："我再核对一遍。"

她前脚挨后脚又量了一次："是 10 步。"

艾伯低头看看自己的脚，又看看艾达的脚：

"嘿！你的脚比我的大，所以我们用的步数不一样。"

10 步（艾达的脚）

“我们需要用别的东西再量一次。”艾达提议。

“有了！”艾伯翻了翻自己的背包，

掏出了一根奶酪棒：“用奶酪棒量！”

艾伯又量了一次鞋子，正好是 8 根奶酪棒那么长。

8 根奶酪棒

艾伯和艾达穿过院子。

他们急匆匆地走过篱笆，绕过花盆，爬过木头堆，终于回到了家。

“现在，我们需要量一量游戏房。”艾达说。

艾伯从背包里掏出了奶酪棒。

艾达看了一眼，发现奶酪棒好像比刚才短了。

“艾伯，”她问，“你是不是吃奶酪棒了？”

“刚才……我饿了。”艾伯说。

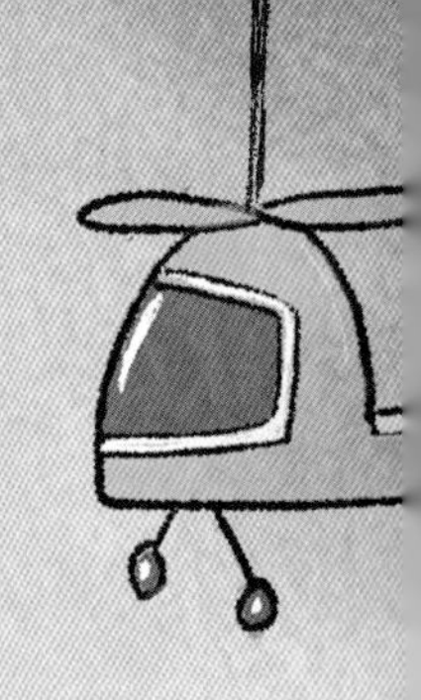

“还能用什么测量呢？”艾达一边想，一边说，
“尺寸必须统一，不能像我们的脚一样！
还必须保持不变，不能像奶酪棒一样！”

艾伯想了一会儿说：“用回形针吧！”

艾伯收集了一大盒回形针，其中他最喜欢紫色的。

这些回形针的尺寸完全一样。

他赶紧跑去把它们拿了过来。

艾伯量了一下，游戏房的宽度

有 7 根回形针那么长。

艾伯和艾达从家门口探出脑袋，悄悄地看了看外面，没发现球球。

他们赶紧溜了出来，爬过木头堆，绕过花盆，沿着篱笆跑了一路。

那只鞋还在原来的地方！

“太好了！”艾伯长舒了一口气，“我还担心球球会发现它！”

艾达量了量鞋子，有 5 根回形针那么长。

看来放进游戏房里没问题，宽度还能空出 2 根回形针那么长。

艾伯抬起鞋跟，艾达抬起鞋头。

他们扛着鞋子走过篱笆，绕过花盆，来到那堆木头跟前。

大红鞋实在太重了！

艾伯和艾达停下来喘了口气，

然后费劲地爬到木头堆的最上面。

艾伯朝下一看——

天哪！是球球！

球球刚好转过头，也看到了艾伯和艾达！

艾伯吓得尖叫起来！艾达也尖叫起来！

姐弟俩手一抖，鞋子骨碌骨碌地从木头堆上滚了下去……

刚好砸在球球的鼻子上！

球球惨叫一声，一溜烟儿逃走了！

艾伯冲球球挥了挥拳头，大声喊道：“伙计，你给我小心点儿！”

然后，他们赶紧从木头堆上下来，抬起鞋子往家跑，要多快有多快。

艾伯和艾达从后门把鞋子塞进了家里，

然后又把它塞进了游戏房。

他们把鞋子放在书架和篮球架之间——

刚好合适！

这个鞋屋活动室实在太酷了！

艾伯从鞋头的洞里探出脑袋，艾达沿着鞋带爬了上去。

艾伯爬出鞋口玩弹力球，艾达坐在鞋舌上读书。

“现在，还有最后一件事要做。”艾达说。

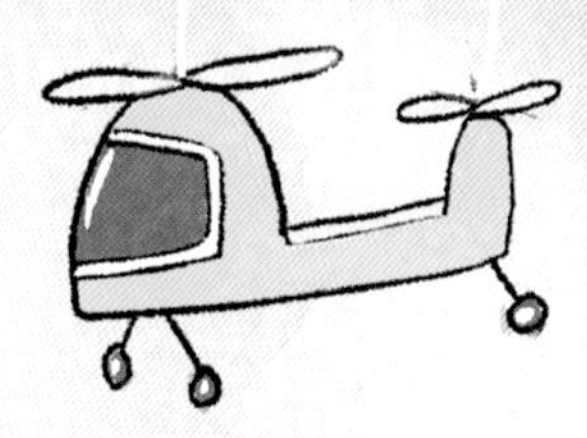

艾达拿起笔，在鞋子的一侧画上猫咪的头像，

并写上：“猫咪禁止入内！”

《奇妙鞋子屋》能够帮助孩子理解数学启蒙中的一个重要知识点——**非标准单位测量**。和孩子一起做一做下面的活动，帮助他进一步拓展数学思维，提升阅读能力。

读前猜一猜

▶ 让孩子仔细观察封面插图，告诉他书的封面通常能传递出很多故事信息。问问他：“你觉得这个故事会讲什么？”把孩子的回答记录下来，等读完故事再来回顾一下。

▶ 现在开始读故事，一起看看艾伯和艾达是如何搭建出一个新活动室的！

读后说一说

▶ 读完故事后，问问孩子：“艾伯和艾达在故事中遇到了哪些问题？”把孩子能回忆起的所有问题都列出来，可能包括：1. 姐弟俩不知道这只鞋子能不能放进游戏房里；2. 他们不知道用什么来测量这只鞋子；3. 艾伯吃了几口奶酪棒；4. 在圆木堆那儿大猫球球发现了他们！

▶ 现在讨论一下，这些问题在故事中都是如何被解决的。把孩子的回答记录在每个问题的旁边。

▶ 让孩子列出故事中所有用来测量的东西。问问他：“这些东西中，哪个最好用？为什么？”还可以问：“你觉得艾伯和艾达可以用他们的脚来测量游戏房吗？具体应该怎么做？”

动手做一做

一起走“钢丝”

▶ 在家里找一块比较宽敞的地方，在地板上贴一长条纸胶带。

▶ 让孩子脱了鞋，站在胶带一头，像马戏团走钢丝的杂技演员那样，前脚挨着后脚一步步走“钢丝”，并数数走完这段“钢丝”用了多少步。（注意，行走过程中不要从“钢丝”上掉落！）建议家长也一起走“钢丝”。把每个人得到的数据记在同一张纸上，再一起看看大家的数据，这样对比更明显。

▶ 问问孩子能从数据中发现什么：数据一样吗？谁的数字最大？谁的数字最小？为什么不同的人会得出不同的数据？

用“小脚丫”量一量

▶ 在一张硬纸板上描出孩子的右脚轮廓，剪下来。向他演示如何用一张纸脚板进行测量。鼓励孩子用自己的“小脚丫”去量房间里的各种大件物品，比如桌子、书柜、地毯等等。

▶ 鼓励孩子把测量的物品画下来，并在旁边写上测量结果。还可以和小伙伴一起玩，大家分享测量数据。

开心玩一玩

设计自己理想的活动室

▶ 在游戏开始前，让孩子思考一下这些问题：你想要什么样的活动室？你打算把自己的活动室建在哪里？客厅或者卧室？你想在活动室里放哪些东西？

▶ 为孩子准备硬卡纸、彩笔和尺子（可以帮助他画直线）。鼓励孩子开动脑筋，发挥想象力，设计自己的活动室。等孩子完成设计后，让他介绍下自己的活动室，细节越多越好，家长可以帮忙记录下来。

▶ 可以和小伙伴一起玩这个游戏，每个人都画完后，来一场小展览吧！

小书迷换书记

[美] 埃莉诺·梅 著 [美] 德博拉·梅尔蒙 绘 陈青 译

江苏凤凰少年儿童出版社

序 言

亲爱的家长朋友和老师们：

我常常听到不少孩子说：“数学可真难啊！”每个说这句话的孩子甚至大人，多多少少都对数学有畏难心理。

数学真的这么难吗？其实不然。我们想为初次接触数学的孩子创造一个奇妙而亲切的数学世界：在这里，数学不再是纸上枯燥的数字，而是日常生活的一部分，甚至是一场神奇的探险。

在“鼠小弟爱数学”系列图书中，孩子们会情不自禁地跟随艾伯和艾达这对机智、可爱的姐弟，一起解决“小如鼠”的问题和“大如猫”的麻烦！

这套书里的每个故事都会介绍一个基础的数学概念。在故事里，小老鼠们用回形针测量长短，把大鞋子搬回家当游戏屋；自己动手做小蛋糕，在制作的过程中学会“第 1 步”“第 2 步”等序数词；生日当天收到精美的礼物，认识了球体、圆锥体、正方体；上学后，理解了昨天、今天和明天，弄清楚了星期的概念……瞧，这就是数学，让孩子越学越开心！每本书都附有好玩的活动和小游戏，让数学概念更加清晰，便于孩子理解、记忆和学习，还能够引导孩子思考、讨论数学，并将其运用到生活中去。

我们的出版团队由学前教育专家组成，他们曾参与许多数学和语言教材的编写工作。我们为 5~9 岁孩子编写的“数学帮帮忙”系列，曾获美国《学习杂志》“教师推荐儿童读物奖”。而“鼠小弟爱数学”系列就是《数学帮帮忙》的幼儿启蒙版，我们衷心希望每本书都能给孩子、家长和老师带来帮助。

值得一提的是，“鼠小弟爱数学”系列图书也是一套出色的幼儿生活绘本，每个故事都蕴含着成长的道理。希望孩子们能一遍又一遍地听和读这些故事，长大后充满热情地学习数学，并用数学这个有力的工具，去探索我们生活的这个世界！

琼安·凯恩

Joanne Kane

美国资深儿童教育专家

“数学帮帮忙”“鼠小弟爱数学”系列图书原出版人

“我从图书馆回来了！”姐姐艾达一边进门，一边说。

艾伯听到了，赶紧从房间里跑出来。

“你拿到最新一本《史莱姆队长》啦！”他欢呼起来。

“我和闪电都超级爱看《史莱姆队长》。”艾伯说。

艾达笑着说：“我知道。”

“《史莱姆队长》第 1 册我们读了好多遍呢！”艾伯说。

艾达说：“我知道。”

艾伯忍不住伸手去拿书。

“可以让我先读吗？”他央求道，

“我用最喜欢的一个玩具和你交换！”

还没等艾达回答，艾伯就“嗖”的一下跑了。

不一会儿，艾伯手里拿着一件东西又跑了回来：“给你，艾达！”

“我用机器老鼠跟你换《史莱姆队长》，行吗？”

艾达摇摇头：“这个……”

“不够吗？”艾伯急忙说，“那你等一下，我还可以给你……”

“机器鼹鼠！”

“这是我最喜欢的 2 样玩具了，”艾伯说，

“现在，我能先看《史莱姆队长》了吗？”

1 + 1 = 2

艾达叹了口气：“艾伯，其实你只要……”

“再加 1 个玩具？”艾伯说，“没问题！”

“等一下！”艾达说。可是，艾伯已经跑开了。

“你一定会喜欢这个！”艾伯一边跑回来，一边说。

艾达盯着他的脑袋问：“这又是什么？”

“这是一个秘密窃听器，”艾伯骄傲地说，

“可以偷听其他小老鼠的秘密。这可是我自己做的！”

“这个管用吗？”艾达问。

“嗯……我不太确定。”艾伯说。

艾达说：“那就好。”

艾伯松了一口气：“那么……用这 3 样玩具可以换《史莱姆队长》了吧？”

2 + 1 = 3

艾达说："其实，我并不想要你的玩具。我只是想——"

"不想要玩具？"艾伯大声说，"没问题！我还有别的呢！"

“快看，艾达，蚯蚓！我给它们起名叫小美和小莉。”

“可是，艾伯，我——”艾达看到蚯蚓停了下来，

问道：“哪个是小莉？”

“我也不清楚，”艾伯说，“不过它们可以都归你，

再加上那 3 个玩具，一共是 5 样啦！”

3 + 2 = 5

艾达说："艾伯，你听着，我只是想——"

"我知道啦！"艾伯说，"再加上我过生日的时候，利奥送给我的超大泡泡糖球，怎么样？"

"你还留着那个泡泡糖球呢？"艾达问。

“呃，其实它已经不是一个球了，”艾伯说，
“不过，你还给我之前，可以随便嚼它。”
“你开什么玩笑呢？”艾达说。

“哎呀！”艾伯恳求道，“我是认真的！

只要让我先看《史莱姆队长》，这 6 样好东西就都归你了。”

艾达说：“我觉得我得先去洗洗手了。”

5 + 1 = 6

艾伯看看小美和小莉。

“艾达还没同意呢，”艾伯对蚯蚓们说，

“我再去拿几样东西！”

艾伯跑开了，又跑回来。

这次，他拿来了一个暖尾宝。

“这就有 7 样东西了。”他说。

6 + 1 = 7

“这里还有 2 个玩具车上掉下来的轮子……”

艾伯继续把它们堆在一起。

“再加上 1 个怪猫面具。10 样了！”

7 + 2 + 1 = 10

“这盒拼图有 500 片呢！那总共就是……”艾伯看看小美和小莉。

“哎，算了，就算 11 样吧，反正拼图好像少了几片。”

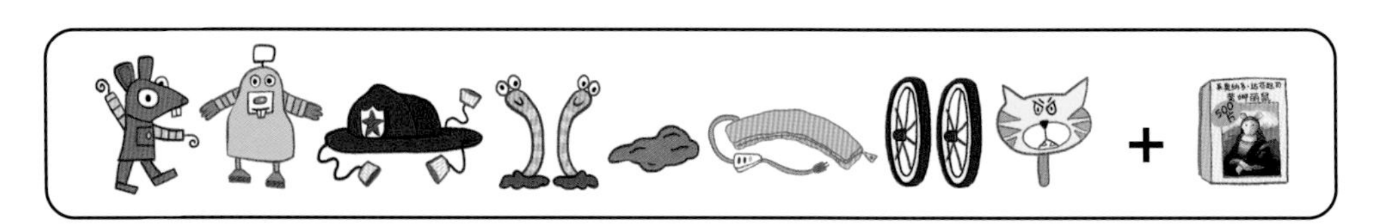

10 + 1 = 11

这时，艾达回来了。

“我的拼图！”她说，“我到处找它呢。”

“哎呀，”艾伯说，“看来我只有 10 样东西可以交换了。”

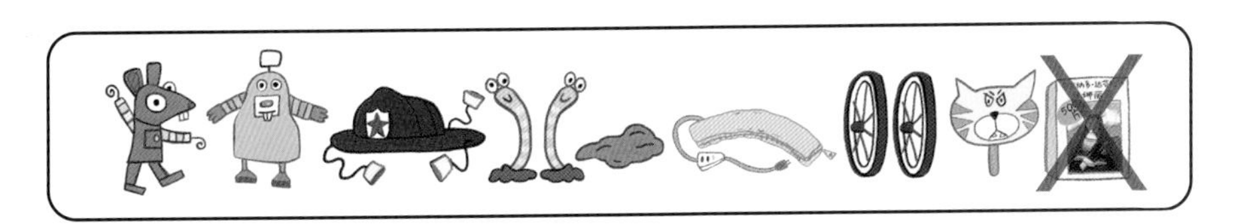

11 – 1 = 10

艾达说：“艾伯，我并不想用《史莱姆队长》跟你换这些东西。”

“怪猫面具也不想要吗？”

艾达摇了摇头。

10 – 1 = 9

“轮子也不要？”

“不要。”艾达说。

9 – 2 = 7

“暖尾宝呢？”

“不要。”艾达说，“而且绝对不要泡泡糖球。”

“好吧，我会把它们都拿走的。”艾伯说。

7 – 1 – 1 = 5

“那小美和小莉呢？”不一会儿，艾伯又回来了。

“不用了，谢谢你。”艾达说，“我不要小美，也不要小莉。”

“那就只剩 3 样东西了！”

5 – 2 = 3

“是啊。”艾达说，“你把这 3 样也都拿走吧。”

“这个秘密窃听器你也不要吗？”艾伯问道。

“我最不想要的就是秘密窃听器。”艾达说。

$$3 - 3 = 0$$

“那我就没什么东西可以和你换了。”艾伯伤心地说。

“可是你并不需要拿东西换呀，”艾达说，

“我借这本书回来就是给你看的！我早就想告诉你，

可你总是没听我说完就去拿东西了。”

艾伯看着《史莱姆队长》。

“你知道吗，艾达？”他说，

“我现在一点儿也不想先看这本书了。”

“你不想先看了？”艾达问道。

“是啊，”艾伯说，“我更想——”

“和你一起看！”
暖尾宝
艾伯
加速！
超越
海兔！
第2册
史莱姆队长
蜗牛追踪记
闪电

《小书迷换书记》能够帮助孩子理解数学启蒙中的一个重要知识点——**简单的数字加减**。和孩子一起做一做下面的活动，帮助他进一步拓展数学思维，提升阅读能力。

读前猜一猜

▶ 让孩子先观察本书封面，鼓励他猜一猜这个故事可能讲的是什么。记录下孩子的回答，等读完故事后再来回顾一下。

▶ 问问孩子：“你有没有特别喜欢的一本（一套）书？”记录下孩子列举的书名，再问问他：“这是一本（一套）什么样的书？你为什么喜欢它呢？”

读后说一说

▶ 在读故事之前，告诉孩子艾伯有一套他最喜欢的书。可以这样说：“艾伯愿意拿任何东西去换这套书最新的一册，让我们来看看他为了得到新书都做了什么吧！”

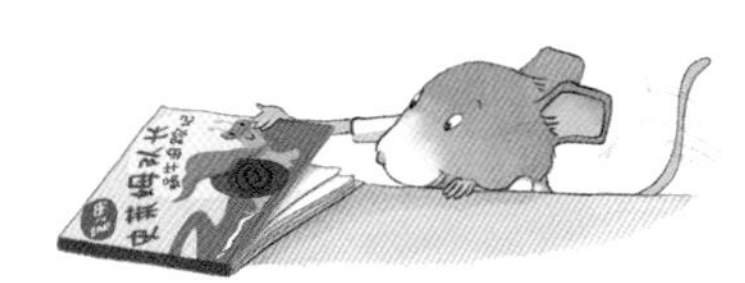

▶ 读完故事后，问问孩子：“为了从艾达那里拿到最新的《史莱姆队长》，艾伯都做了哪些事？艾达想和艾伯交换吗？为什么？”

▶ 和孩子一起画出艾伯拿给艾达的那些东西，注意要按先后顺序纵向排成一列，再让孩子回顾下这个故事。

▶ 让孩子数一数艾伯每次拿出来的东西，并把数量列在对应的图画旁边。

▶ 等这个表列好之后，说：“让我们把艾伯想用来交换的东西都加起来，就像故事里那样。”把孩子写的数字代入算式中，和他一起算一下，艾伯每次又拿出一些东西之后，这些东西的总数是多少。比如：1+1=2，2+1=3，3+2=5，5+1=6，6+1=7，7+2+1=10，10+1=11。

动手做一做

▶ 在故事里，为了换到最新一册《史莱姆队长》，艾伯一共拿出了 11 样东西。而最后艾达终于有机会说出，她并不需要艾伯拿这些东西来交换。让孩子回忆一下，艾伯是怎么把东西拿走的。

▶ 让孩子把下面的句子补充完整，看看艾伯拿来的东西数量发生了什么变化。（也可以使用上个环节中画好的列表，每当艾伯拿走一些东西，就把这些东西划掉，让孩子更直观地感受到“拿走”的减法。）

艾伯一共有 11 样东西。

当艾达把拼图拿走后，他还有（　　）样东西。

当艾伯把面具拿走后，他还有（　　）样东西。

当艾伯把 2 个轮子拿走后，他还有（　　）样东西。

当艾伯把暖尾宝和泡泡糖球拿走后，他还有（　　）样东西。

当艾伯把 2 条蚯蚓——小美和小莉拿走后，他还有（　　）样东西。

当艾伯把秘密窃听器、机器鼹鼠和机器老鼠拿走后，他还有（　　）样东西。

▶ 问问孩子：“艾伯最后是怎么拿到他很想要的书的？你觉得艾达是一个怎样的姐姐？你有这样的兄弟姐妹或者朋友吗？”（孩子的回答往往会让人惊喜。）

开心玩一玩

▶ 和孩子一起，搜集 10 样他喜欢的玩具。

▶ 在搜集的过程中，每找到 1 样，就让孩子给前一个数字加上 1。

▶ 把集齐的 10 样玩具摆成一排，让孩子按自己喜欢的程度，依次拿走一样或几样，再数数还剩几样。

欢乐加倍多

[美] 埃莉诺·梅 著 [美] 德博拉·梅尔蒙 绘 陈青 译

江苏凤凰少年儿童出版社

Albert Doubles the Fun / by Eleanor May; illustrations by Deborah Melmon

序 言

亲爱的家长朋友和老师们：

我常常听到不少孩子说：“数学可真难啊！”每个说这句话的孩子甚至大人，多多少少都对数学有畏难心理。

数学真的这么难吗？其实不然。我们想为初次接触数学的孩子创造一个奇妙而亲切的数学世界：在这里，数学不再是纸上枯燥的数字，而是日常生活的一部分，甚至是一场神奇的探险。

在“鼠小弟爱数学”系列图书中，孩子们会情不自禁地跟随艾伯和艾达这对机智、可爱的姐弟，一起解决“小如鼠”的问题和“大如猫”的麻烦！

这套书里的每个故事都会介绍一个基础的数学概念。在故事里，小老鼠们用回形针测量长短，把大鞋子搬回家当游戏屋；自己动手做小蛋糕，在制作的过程中学会“第 1 步”“第 2 步”等序数词；生日当天收到精美的礼物，认识了球体、圆锥体、正方体；上学后，理解了昨天、今天和明天，弄清楚了星期的概念……瞧，这就是数学，让孩子越学越开心！每本书都附有好玩的活动和小游戏，让数学概念更加清晰，便于孩子理解、记忆和学习，还能够引导孩子思考、讨论数学，并将其运用到生活中去。

我们的出版团队由学前教育专家组成，他们曾参与许多数学和语言教材的编写工作。我们为 5~9 岁孩子编写的“数学帮帮忙”系列，曾获美国《学习杂志》“教师推荐儿童读物奖”。而“鼠小弟爱数学”系列就是《数学帮帮忙》的幼儿启蒙版，我们衷心希望每本书都能给孩子、家长和老师带来帮助。

值得一提的是，“鼠小弟爱数学”系列图书也是一套出色的幼儿生活绘本，每个故事都蕴含着成长的道理。希望孩子们能一遍又一遍地听和读这些故事，长大后充满热情地学习数学，并用数学这个有力的工具，去探索我们生活的这个世界！

琼安・凯恩

Joanne Kane

美国资深儿童教育专家

“数学帮帮忙”“鼠小弟爱数学”系列图书原出版人

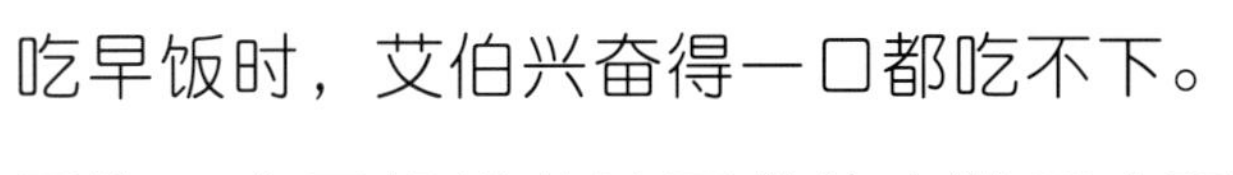

吃早饭时，艾伯兴奋得一口都吃不下。

因为，今天姐姐艾达要带他去游园会玩！

“利奥能和我们一起去吗？”他问道。利奥是艾伯最好的朋友。

艾达笑着说：“当然可以啦。也许露西也能一起去呢。”

可是，利奥和露西都不在家。

“唉，那么多好玩的，这下利奥可错过了。”艾伯说。

过了一会儿，他又高兴起来：

“那我就一个人玩两人份，欢乐加倍多！”

游园会门口，艾达领了一张地图。

艾伯也拿了一张。

“地图我们用一张，给利奥带一张。”艾伯说。

“好主意！”艾达说，“我们先去哪儿呢？”

地图
老鼠镇
游园会

地图
老鼠镇
游园会

$$1 + 1 = 2$$

“快看！”艾伯指着对面——

是他们的体育老师毛斯先生，他正站在一个投球游戏的摊位上。

当艾伯用球击中靶心，毛斯先生就掉到了水池里。

艾伯又买了一张游戏票。

“抱歉，毛斯先生！”他喊道，

“因为利奥没来，我得把他那份也玩了，你只能落水两次啦！”

1 + 1 = 2

艾伯和艾达又去坐了摩天轮……

坐了两次。

“咱们再玩一次这个吧！”艾伯说。

艾达说：“可是我们已经坐过两次了呀。”

“那是我们的两次，”艾伯解释，“现在是利奥的两次。”

游戏票 游戏票　游戏票 游戏票

$$2 + 2 = 4$$

从摩天轮上下来，艾达走路都有点儿晃晃悠悠了。

“咱们去看奶酪雕塑吧，”她说，“我想看一些稳当的东西。”

他们进了一个大帐篷。

艾达仔细地欣赏着奶酪雕塑，艾伯则浏览着蛋糕和馅饼。

“肚子饿了吧？”一位工作人员对艾伯说，“吃馅饼大赛就要开始喽！”

艾伯赶紧溜到最后一个空位上。

裁判在他面前放了一块馅饼，又给他系上围兜。

“记住哦，”裁判说，“不能用手！”

“各就各位……预备……开吃！”

艾伯很快就吃完了三块馅饼。

“你还没吃够吗？”艾达问。

“我吃够了，”艾伯说，“可是，我还得替利奥吃他那三块呢。”

$3 + 3 = 6$

比赛结束，裁判为艾伯别上了蓝色奖章。

“我可以和利奥分享这枚奖章，”艾伯说，

“我是为他吃的双份馅饼。”

艾达摇了摇头：“我只希望你别双倍肚子疼就行。”

头一次，艾伯经过萌鼠雪糕摊没停下脚步。

不过，艾伯在套圈游戏的摊位前停了下来。

“看一看，瞧一瞧，套中就有奖！”站在柜台后的工作人员说。

“快看，艾达！”艾伯叫了起来，“机器鼠玩偶！

只要赢四枚奖牌就能兑换一整套玩偶呢！”

艾伯花了好长时间才赢得一枚奖牌。

“你可以用一枚奖牌换一个奶酪形状的蜡烛。”艾达说。

艾伯摇摇头说：“我还是想要机器鼠玩偶。”

当艾伯赢得第二枚奖牌时，艾达建议：

“你可以换一个巨型黄蜂哦。”

当艾伯赢得第三枚奖牌时，艾达什么也没说了。

“四枚奖牌啦！”艾伯欢呼着，“现在我可以拥有机器鼠玩偶了！”

艾达说：“太好啦！咱们走吧！”

“还不能走，”艾伯说，“我还要再赢四枚奖牌呢。”

4 + 4 = 8

“还要再赢四枚？”艾达问道。

艾伯点点头：“这样利奥就也有一套了！”

柜台后的工作人员托着下巴，闷闷不乐地说：“赶紧扔套圈吧。”

于是，艾伯又开始了。

“一套里有五个机器鼠玩偶呢！五个是我的，五个是利奥的，”艾伯说，“我都等不及看利奥有多高兴了！”

这时，艾达指着另一边说：“艾伯，那不是——”

5 + 5 = 10

“利奥！”艾伯大喊一声，“我们本来想叫你一起来游园会的，可是你不在家！”

利奥咧着嘴笑了：“那是因为我已经来了呀！”

“看看我给你带了什么！”艾伯说。

利奥说：“也看看我给你带了什么！”

“现在，咱们有二十个机器鼠玩偶了。”艾伯说。

“有点儿太多了，”利奥说，“咱们玩不了这么多。”

10 + 10 = 20

“可以给姐姐们一些。”艾伯说。

“谢谢你，不用了。”艾达说，“我不喜欢机器玩偶。”

“我不喜欢老鼠玩具！”露西说。

过了一会儿，艾伯说：“我有主意了……”

一大群小老鼠围在艾伯和利奥的套圈游戏桌旁。

“看一看，瞧一瞧，套中就有奖喽！”利奥大声吆喝着。

“有两份大奖哦！”艾伯说，“一份给自己，一份给朋友……欢乐加倍多！”

《欢乐加倍多》能够帮助孩子理解数学启蒙中的一个重要知识点——**倍数**。和孩子一起做一做下面的活动，帮助他进一步拓展数学思维，提升阅读能力。

读前猜一猜

▶ 让孩子先观察本书封面，鼓励他猜一猜这个故事可能讲的是什么。记录下孩子的回答，等读完故事后再来回顾一下。

▶ 问问孩子有没有参加过游园会或嘉年华活动。如果有，那他最喜欢的项目和游戏是什么？嘉年华上还有什么其他有趣的活动？鼓励孩子和家人分享自己的经历。

▶ 和孩子一起读这个故事，看看艾伯是怎么“加倍玩”的吧。

读后说一说

▶ 读完故事后，让孩子试着用自己的话复述整个故事：一开始发生了什么？中间发生了什么？最后又发生了什么？

▶ 问问孩子：“为什么艾伯想要赢得双倍数量的奖品，他是怎么做到的？”

▶ 问问孩子：“你能说一说当艾伯把所有东西都加倍以后，艾达是什么感觉吗？”让孩子借助故事中的插图来回答。

▶ 让孩子说一说，为什么艾伯和利奥会有那么多机器鼠玩偶？他们怎么处理多出来的玩具？

▶ 鼓励孩子想一想，换作他自己会怎么处理多出来的玩具呢？他会不会改变故事的结局？记录下孩子的回答，再让他把新的结局画一画。

动手做一做

乐趣加倍多!

▶ 准备网格纸、骰子和彩笔。

▶ 给孩子一张分成 6 列的网格纸，每列的底部写一个已被加倍过的数字：2、4、6、8、10、12。

▶ 给孩子一个骰子，让他完成下列步骤：1. 投骰子，把出现的数字加倍；2. 在网格纸的底部找到这个加倍后的数字；3. 给这一列网格涂一格颜色。

▶ 让孩子继续投骰子，练习给数字加倍，找出这个倍数所在的那一列，涂一格颜色。重复这个过程，直到涂满一列。让孩子练习 10 分钟。

小福利!

和朋友一起玩，乐趣加倍多！两个孩子一组，每人拿一张新的网格纸。两人轮流投骰子，并给得到的数字加倍，找出这个倍数所在的那一列，涂一格颜色，鼓励孩子相互检查对方有没有涂对。最先涂满一列的孩子就是赢家！如果时间允许，可以继续游戏，看看第二个被涂满的数字是几。

开心玩一玩

▶ 找一个小伙伴，两个孩子一起玩，家长当裁判。准备一叠写有数字 1～10 的卡片。

▶ 把这叠卡片正面朝下放在两人中间。两个孩子轮流拿最上方的卡片，并把得到的数字加倍。如果孩子能算出正确结果，就可以保留那张卡片；如果算错了，就要把卡片给对方。等到整叠卡片都被拿走了，一轮游戏就结束了。

▶ 让孩子数数自己拿到了多少张卡片，拿到卡片多的就是赢家。如果出现平局，可以在下一轮游戏中加入数字 11～20，增加游戏难度！

生日大惊喜

[美] 洛里·哈斯金斯·贺朗 著 [美] 德博拉·梅尔蒙 绘 陈青 译

江苏凤凰少年儿童出版社

序 言

亲爱的家长朋友和老师们：

我常常听到不少孩子说："数学可真难啊！"每个说这句话的孩子甚至大人，多多少少都对数学有畏难心理。

数学真的这么难吗？其实不然。我们想为初次接触数学的孩子创造一个奇妙而亲切的数学世界：在这里，数学不再是纸上枯燥的数字，而是日常生活的一部分，甚至是一场神奇的探险。

在"鼠小弟爱数学"系列图书中，孩子们会情不自禁地跟随艾伯和艾达这对机智、可爱的姐弟，一起解决"小如鼠"的问题和"大如猫"的麻烦！

这套书里的每个故事都会介绍一个基础的数学概念。在故事里，小老鼠们用回形针测量长短，把大鞋子搬回家当游戏屋；自己动手做小蛋糕，在制作的过程中学会"第 1 步""第 2 步"等序数词；生日当天收到精美的礼物，认识了球体、圆锥体、正方体；上学后，理解了昨天、今天和明天，弄清楚了星期的概念……瞧，这就是数学，让孩子越学越开心！每本书都附有好玩的活动和小游戏，让数学概念更加清晰，便于孩子理解、记忆和学习，还能够引导孩子思考、讨论数学，并将其运用到生活中去。

我们的出版团队由学前教育专家组成，他们曾参与许多数学和语言教材的编写工作。我们为 5~9 岁孩子编写的"数学帮帮忙"系列，曾获美国《学习杂志》"教师推荐儿童读物奖"。而"鼠小弟爱数学"系列就是《数学帮帮忙》的幼儿启蒙版，我们衷心希望每本书都能给孩子、家长和老师带来帮助。

值得一提的是，"鼠小弟爱数学"系列图书也是一套出色的幼儿生活绘本，每个故事都蕴含着成长的道理。希望孩子们能一遍又一遍地听和读这些故事，长大后充满热情地学习数学，并用数学这个有力的工具，去探索我们生活的这个世界！

琼安・凯恩

Joanne Kane

美国资深儿童教育专家

"数学帮帮忙""鼠小弟爱数学"系列图书原出版人

这天一大早，艾伯就醒了。

“今天！”嘣！“是我的！”嘣！“生日！”他一边兴奋地跳着，一边大声说。

再过一个小时，生日派对就要开始啦！

“我得去看看我的生日蛋糕怎么样了。”

艾伯一边自言自语，一边跑进厨房。

“哎呀！”他不小心撞到了妈妈，“对不起！”

他又冲到客厅，去看爸爸气球吹得怎么样了。

噗！噗噗噗！

这时，艾达捧着一个大盒子从旁边经过。

“哇！盒子里面是什么？”艾伯蹦蹦跳跳地问道。

他没注意到地上飘来飘去的气球，被绊了一个大跟头。

“艾伯，”爸爸说，“你可以先去利奥家玩一会儿，

等生日派对开始的时候再回来。”

“这个主意听起来不错！”艾伯说。

艾伯在外面看到了利奥，利奥正在骑一辆崭新的滑板车。

“快看我的新车！”利奥喊道，“你想不想试一下？”

但艾伯站着一动不动，这还是今天头一次。

“让我想想……”他说，“这看起来好像有点儿难。”

“不会呀，”利奥说，“超级容易的，试试吧！”

艾伯戴上利奥的头盔，紧紧握住滑板车的把手，一只脚向后蹬。

一开始，他有点儿摇摇晃晃……

但过了一会儿，他就不晃了。

“耶！”艾伯欢呼起来。

艾伯和利奥轮流骑着滑板车，“嗖嗖”地转来转去。
他们甚至用利奥家地下室里的一些杂物，
设计了一个障碍物赛场，在里面穿梭骑行。
“谢谢你让我骑你的新滑板车。太好玩了！”
艾伯说，“真希望我也有一辆。”

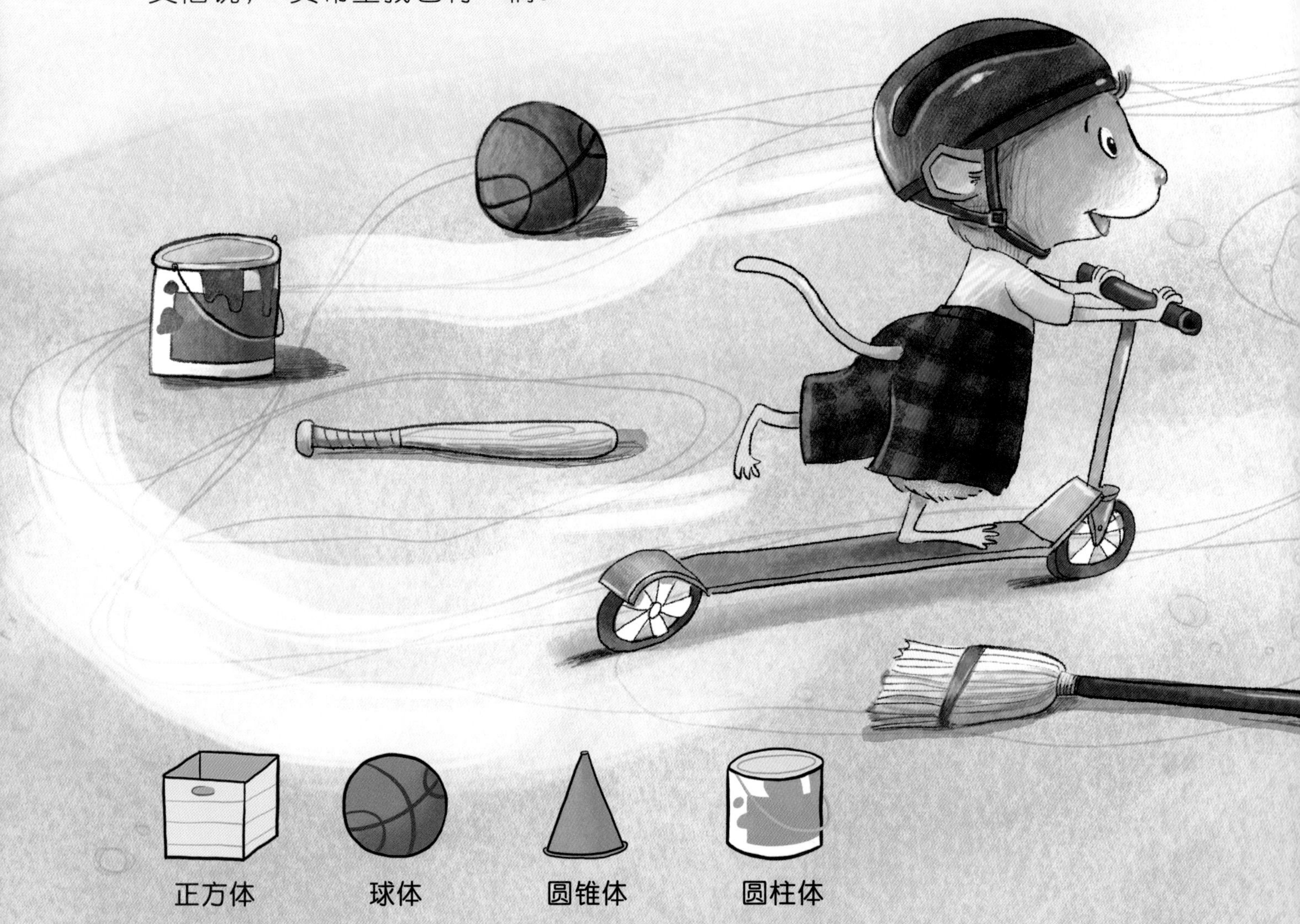

“现在要一辆滑板车当生日礼物可能来不及了吧？”利奥说。

“噢，我的生日！”艾伯叫起来，“利奥，我们得走了！”

他们赶回艾伯家时，生日派对刚刚开始。

“艾伯，生日快乐！”每个人都大声地祝福他。

艾伯玩得开心极了。

他敲开了惊喜糖果盒。

在“尾巴粘粘乐”游戏中，

他大获全胜。

虽然，他没猜对罐子里有多少个

奶酪球，但是，他吃了好多个！

“生日蛋糕来啦，”艾达说，“快许个愿吧！”

许愿？艾伯都想不起来他有什么生日愿望了！

现在许愿要一辆利奥那样的滑板车是不是太晚了？

艾伯深深地吸了一口气。

他在心里默默地说：我希望有一辆滑板车，

就算等到下一个生日也行。

呼！他一口气吹灭了所有的蜡烛。

"拆礼物的时间到啦！"爸爸说。

皮特表哥送给艾伯一个魔方，安迪爷爷送了一个陀螺，利奥送了一只小鼓。

"一只鼓？"艾达说，"天哪！"

正方体
圆锥体
圆柱体

每一件礼物艾伯都非常喜欢。

不过，他还是忍不住期待最后一件，

也许，只是也许，会是滑板车那样的礼物吗？

“送给你，艾伯，”妈妈说，

“这是我和爸爸为你准备的。”

她递给艾伯最后一件包好的礼物。

这件礼物看上去圆乎乎的，
像一个球，或者地球仪之类的。
但肯定不是滑板车。
好吧，艾伯想，只能等明年啦。

艾伯撕开包装纸。

“一个头盔？”他有点儿惊讶。

“是的，”妈妈说，“你在用艾达送你的礼物时会需要的。”

这时，艾达从桌子后面推出了……

一辆滑板车！

“希望你喜欢，”艾达说，“虽然你没说过想要，但我觉得应该很好玩。你觉得呢？艾伯？”

“耶！”艾伯欢呼起来。

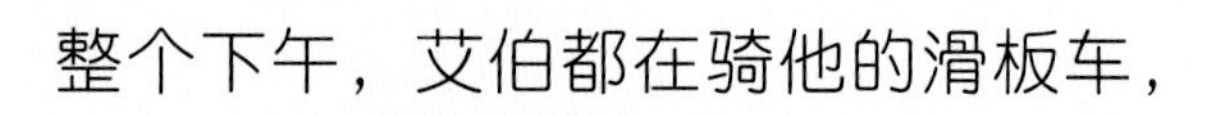
整个下午，艾伯都在骑他的滑板车，

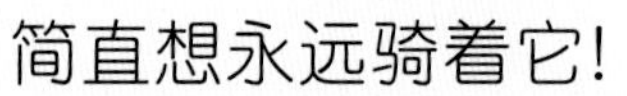
简直想永远骑着它!

不过，他还有一件事想要做——

“嘿，艾达，”他喊道，“轮到你骑了！”

“我？”艾达有点儿犹豫。

“别担心，”艾伯说——

“骑滑板车超级容易的！”

《生日大惊喜》能够帮助孩子理解数学启蒙中的一个重要知识点——**立体图形**。和孩子一起做一做下面的活动，帮助他进一步拓展数学思维，提升阅读能力。

读前猜一猜

▶ 在读故事前，让孩子仔细观察封面上的插图。问问孩子："这天是什么日子？你觉得艾伯会怎么过？"然后再读出书名。

▶ 问问孩子："这个书名能告诉你什么？"鼓励孩子回想一下自己参加过的生日派对。

▶ 问问孩子："你在生日派对上玩过哪些好玩的游戏？"

读后说一说

▶ 读完故事后，问问孩子："故事一开始发生了什么？中间发生了什么？最后又发生了什么事？"

▶ 问问孩子："艾伯的生日愿望实现了吗？他做了什么事来表达自己的感谢？"

▶ 问问孩子："在这个故事中，你学到了哪些立体图形？"帮助孩子回忆并说出它们的名称（长方体、正方体、球体、圆锥体和圆柱体）。鼓励孩子回到故事中，找出这些形状和名称出现的页面。

▶ 问问孩子："这个故事中有哪些东西是长方体？哪些是正方体？哪些是球体？哪些是圆锥体？哪些是圆柱体？"找一大张白纸，画出孩子能回忆起来的形状。

▶ 重新一页一页地回顾这个故事。帮孩子找出他刚刚没想起来的形状，并把这些形状补充到刚才的纸上。

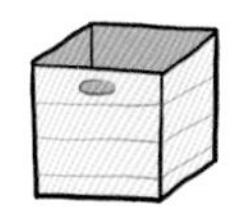

▶ 问问孩子：“你觉得这些东西会让生日聚会变得更加有意思吗？哪样东西最有趣呢？为什么？”

▶ 让孩子试着找一找故事插图中隐藏的立体图形。（例如，可以在第 4 页上找找球体。）

动手做一做

“小侦探”出动啦！

▶告诉孩子，他要扮演一名小侦探，寻找各种立体图形。首先，带孩子复习一下在故事中学到的几种立体图形，然后让他在现实生活中寻找呈长方体、正方体、球体、圆锥体或圆柱体的东西。

▶ 让孩子把找到的东西堆成一堆放在地上，再在一旁放上五块呈长方体、正方体、球体、圆锥体、圆柱体的积木。

▶ 让孩子把刚刚找到的东西依次放到和它形状相似的积木旁边。

▶ 鼓励孩子描述他手里的东西的形状，并说说他为什么觉得这样东西和某个积木形状相似。

开心玩一玩

▶ 鼓励孩子用橡皮泥或超轻黏土等捏出故事里学到的立体图形。准备一些可以帮助孩子做出这些形状的用具，比如牙膏盒（长方体）、冰块格（正方体）、塑料杯子（圆柱体）、冰激凌球勺（球体）和漏斗（圆锥体）。

小挑战！

▶ 让孩子用这些形状搭出一个建筑（如房子、城堡），或搭建一个场景（如公园、操场）。

▶ 鼓励孩子和大家分享自己的作品，并介绍他所用的各种立体图形。

▶ 让孩子描述一下自己的建筑或场景，说说哪些地方用了哪些立体图形，并解释原因。

▶ 把孩子的作品放在家中显眼的位置展示。

蛋糕总动员

[美] 埃莉诺·梅 著 [美] 德博拉·梅尔蒙 绘 陈青 译

江苏凤凰少年儿童出版社

Albert the Muffin-Maker / by Eleanor May; illustrations by Deborah Melmon

序 言

亲爱的家长朋友和老师们：

我常常听到不少孩子说："数学可真难啊！"每个说这句话的孩子甚至大人，多多少少都对数学有畏难心理。

数学真的这么难吗？其实不然。我们想为初次接触数学的孩子创造一个奇妙而亲切的数学世界：在这里，数学不再是纸上枯燥的数字，而是日常生活的一部分，甚至是一场神奇的探险。

在"鼠小弟爱数学"系列图书中，孩子们会情不自禁地跟随艾伯和艾达这对机智、可爱的姐弟，一起解决"小如鼠"的问题和"大如猫"的麻烦！

这套书里的每个故事都会介绍一个基础的数学概念。在故事里，小老鼠们用回形针测量长短，把大鞋子搬回家当游戏屋；自己动手做小蛋糕，在制作的过程中学会"第 1 步""第 2 步"等序数词；生日当天收到精美的礼物，认识了球体、圆锥体、正方体；上学后，理解了昨天、今天和明天，弄清楚了星期的概念……瞧，这就是数学，让孩子越学越开心！每本书都附有好玩的活动和小游戏，让数学概念更加清晰，便于孩子理解、记忆和学习，还能够引导孩子思考、讨论数学，并将其运用到生活中去。

我们的出版团队由学前教育专家组成，他们曾参与许多数学和语言教材的编写工作。我们为 5~9 岁孩子编写的"数学帮帮忙"系列，曾获美国《学习杂志》"教师推荐儿童读物奖"。而"鼠小弟爱数学"系列就是《数学帮帮忙》的幼儿启蒙版，我们衷心希望每本书都能给孩子、家长和老师带来帮助。

值得一提的是，"鼠小弟爱数学"系列图书也是一套出色的幼儿生活绘本，每个故事都蕴含着成长的道理。希望孩子们能一遍又一遍地听和读这些故事，长大后充满热情地学习数学，并用数学这个有力的工具，去探索我们生活的这个世界！

琼安・凯恩

Joanne Kane

美国资深儿童教育专家

"数学帮帮忙""鼠小弟爱数学"系列图书原出版人

艾伯在厨房里东翻翻，西找找。

“你在找什么呢？”姐姐艾达问他。

“找面粉，”艾伯回答，“我要自己做小蛋糕。”

“家里没有面粉了。”艾达说。

“可面粉是第 1 种要用到的原料啊！”艾伯给艾达看他的小蛋糕配方，“没有面粉，我就没法儿做了。”

“有时候妈妈做饭缺了什么原料，会去问邻居们借一点儿。”艾达说。

“这是个好办法！”艾伯抓起一个量杯就出门了。

尼波太太笑容满面地打开了门。

“你想要面粉？”她说，“没问题！”

“您能和我分享真是太好了！”艾伯说。

艾伯回到家，把面粉倒进一个大碗里。

然后他又看了一眼蛋糕配方：“第 2 种原料是燕麦片。”

艾达正在拼拼图，听到艾伯的话，抬起头说：

“燕麦片？我早餐时吃完了。”

“没关系！”艾伯说。

艾伯又敲开了尼波太太家的门，但这次她的笑容就没那么愉快了。

不过，她还是给艾伯盛了一杯燕麦片。

做蛋糕要用的第 3 种和第 4 种原料，

分别是发酵粉和盐。

但是这两样东西都在橱柜的最顶上，

太高了，艾伯够不着。

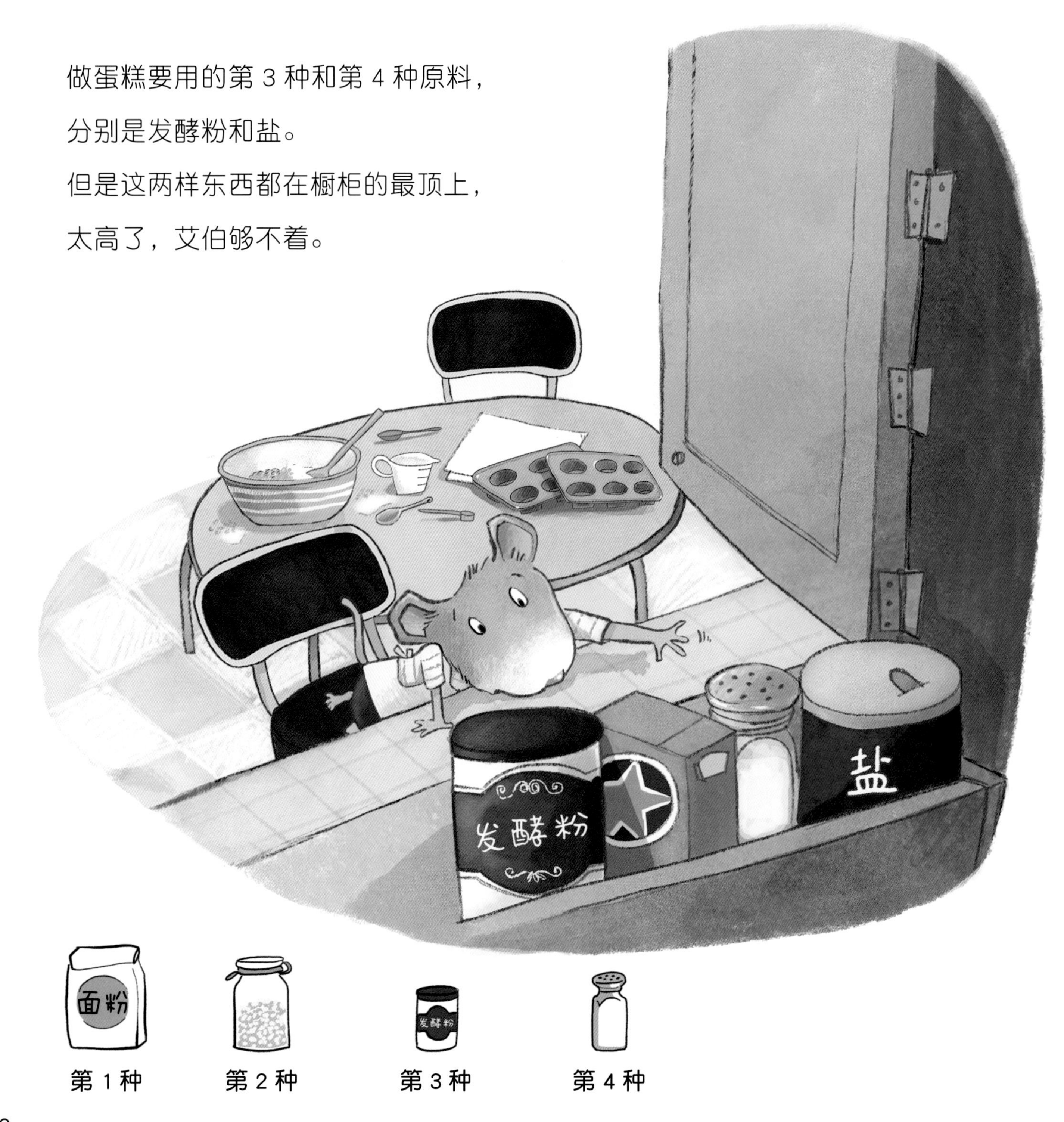

艾伯只好再一次去敲尼波太太家的门。

当艾伯回到家时，艾达说：

“你不能所有的东西都找尼波太太借啊！”

“妈妈说过分享会让人快乐。”艾伯说。

“乐于分享的确是好事，”艾达说，

“但是尼波太太已经分享得够多了。”

做蛋糕要用的第 5 种原料是肉桂粉。

艾伯在橱柜里找不到肉桂粉。

不过，这次他没有去尼波太太家借。

他去了另一位邻居斯科先生家。

做蛋糕要用的第 6 种原料是核桃仁，艾伯在好朋友利奥家借到了。

第 1 种

第 2 种

第 3 种

第 4 种

第 5 种

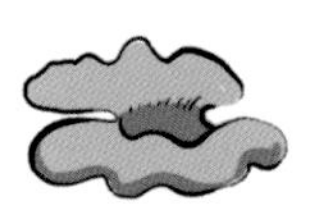

第 6 种

小鼠三胞胎给了艾伯第 7 种原料——蜂蜜。

第 8 种原料是罗伊和瑞儿兄妹给的。

“小心，油洒出来了！”罗伊提醒艾伯。

艾达走进厨房，看到艾伯正在把第 9 种原料加进大碗里搅拌。

“我还以为家里没有苹果酱了。”她说。

“家里是没有了，”艾伯说，“这是从皮特表哥家借来的。”

“那其他原料你都是从哪儿弄来的？”艾达问艾伯。

“罗伊和瑞儿家，小鼠三胞胎家，利奥家，还有斯科先生家呀。”艾伯说，“我跟他们说分享会让人快乐。”

艾达只能摇了摇头。

艾伯又看了一遍蛋糕配方。第 10 种也是最后一种原料，是牛奶。

他打开冰箱找了半天：“啊哦，也没有了。”

艾伯又准备出门去借，艾达拦住了他：

“艾伯，最好别再找其他老鼠借了！”

“别担心，”艾伯说，“我不会的。”

“那你要去哪儿？”艾达赶紧追了上去。

在人类的厨房里，有人刚为大猫球球倒了一碗新鲜的牛奶。

艾伯飞奔过去，迅速装了一小瓶。

“谢谢你的分享！”他一边跑回来，一边小声说。

“艾伯！”看到艾伯回到了安全的地方，艾达松了一口气。

“你不是说，别再找老鼠借东西了吗，”艾伯说，

“而且我听说猫咪喝牛奶会肚子疼，所以，他应该很乐意和我们分享。”

艾伯用勺子把蛋糕糊装进蛋糕模具里。

“一切就绪！”他说，“按照配方都准备好了。不过……”

艾达笑了：“我知道，你太小了，还不能用烤箱。”

艾达打开烤箱，放入装满蛋糕糊的模具，开始烘烤。

艾伯一边玩积木，一边等着蛋糕出炉。

没过一会儿，艾达挎着篮子从厨房里出来了。

“蛋糕烤好了，”艾达说，“咱们走吧！”

“走？”艾伯奇怪地问，“去哪儿呀？”

艾达敲开了尼波太太家的门。

“第 1 块蛋糕请您先品尝。”艾达对她说。

尼波太太笑开了花：“谢谢你们和我分享！”

艾达把第 2 块蛋糕送给了斯科先生。

利奥迫不及待地把第 3 块蛋糕塞进嘴里，

并竖起了大拇指。

小鼠三胞胎狼吞虎咽地吃掉了第 4 块、第 5 块、第 6 块蛋糕，

这份下午茶点心非常美味。

罗伊和瑞儿兄妹享用了第 7 块、第 8 块蛋糕。

罗伊对妹妹说：“小心，别掉渣啦！”

第 9 块小蛋糕被艾达送给了皮特表哥。

艾伯瞄了一眼篮子，只剩最后一块蛋糕了。

“分享完了吗？”他问艾达。

“还没呢，”艾达说，“我们还要去一个地方。”

“去人类的厨房吗？”艾伯问，“可是——”

艾达把第 10 块小蛋糕顺着地板滚了过去，球球一下就抓住了。

“大功告成啦。”艾达说。

姐弟俩回到厨房，艾伯耷拉着脑袋。

“我还能闻到蛋糕的香味呢。”他沮丧地说。

艾达笑着说：“当然能闻到了！”

艾达拿出第 11 块、第 12 块蛋糕，分别放在两个盘子里。

“和朋友们分享是不是很快乐呀？”她问。

“是的，没错！”艾伯一边说，一边咬了一大口蛋糕。

唔——真是太好吃了！

“艾达，你知道什么事让我更快乐吗？

就是和你一起分享最后两块蛋糕！”

有趣的活动

《蛋糕总动员》能够帮助孩子理解数学启蒙中的一个重要知识点——**序数**。和孩子一起做一做下面的活动，帮助他进一步拓展数学思维，提升阅读能力。

读前猜一猜

▶ 让孩子仔细观察封面插图，告诉他书名和封面插图会透露出很多故事信息。

▶ 读故事之前，先大声读出书名。问问孩子："你觉得这个故事讲了什么？艾伯正在做什么？为什么你觉得他正在做这件事？"记录下孩子的回答，等读完故事再来回顾一下。

▶ 问问孩子有没有做过蛋糕或者看别人做过。如果孩子做过，鼓励他说说自己用了哪些原料，当时有没有缺原料。

▶ 现在开始读这个故事，看看艾伯和艾达是怎样做出美味的小蛋糕的。

读后说一说

▶ 读完故事后问问孩子："你觉得一开始艾伯准备好烤蛋糕了吗？为什么呢？"

▶ 问问孩子："当艾伯发现自己需要某些原料时，他是怎么做的？烤完蛋糕后，艾达做了什么？她为什么要这样做？谁对姐弟俩说了'谢谢你们和我分享'？"

▶ 鼓励孩子讲讲他与朋友分享东西的经历。问问孩子："这样做让你感觉如何？"再问问他有没有经历过朋友和自己分享东西，他当时又是什么感觉？

▶ 把序数词写在白纸的一侧，可以同时把汉字和阿拉伯数字都写上。

▶ 和孩子一起回顾故事，把艾伯需要的各种原料按顺序列出来，把每种原料写在对应的序数词后面。

▶ 问问孩子："艾伯和艾达送出了多少块蛋糕？又剩下多少块蛋糕？这些蛋糕都给了谁？艾伯一共做了多少块蛋糕？"

动手做一做

▶ 按照下面的"面团烘焙"食谱，一起来做"小饼干"！

▶ 原料：面粉 2 勺、盐 1 勺、油 1 小勺、水 3/4 杯、食用色素 2 滴

▶ 工具：塑料垫板、饼干模具、擀面杖

▶ 按顺序完成下列步骤：

第 1 步：把面粉和盐放入碗中混合；
第 2 步：加入冷水；
第 3 步：加入食用色素（选一种喜欢的颜色）；
第 4 步：加入油；
第 5 步：用手将碗里的原料混合均匀；
第 6 步：揉搓面团，把它捏成球形；
第 7 步：看这个面团是否太黏，如果太黏就再加一些面粉；
第 8 步：把面团放到塑料垫板上，用擀面杖压平；
第 9 步：用饼干模具在面饼上压出各种形状，开始玩吧！

开心玩一玩

▶ 和孩子一起，用橡皮泥或超轻黏土捏 10 块"小饼干"。然后把饼干摆成一排，让孩子用手指从左到右边指边数：第 1 块、第 2 块、第 3 块……第 10 块，以此复习序数词。

▶ 让孩子按下面的指示，给每块小饼干点缀上不同颜色的"糖豆"（也是用橡皮泥来做）：

"给第 3 块饼干加上蓝色糖豆。""给第 2 块饼干加上绿色糖豆。"
"给第 10 块饼干加上紫色糖豆。""给第 1 块饼干加上红色糖豆。"
"给第 8 块饼干加上灰色糖豆。""给第 5 块饼干加上棕色糖豆。"
"给第 9 块饼干加上黄色糖豆。""给第 6 块饼干加上粉色糖豆。"
"给第 7 块饼干加上橙色糖豆。""给第 4 块饼干加上黑色糖豆。"

▶ 通过类似的问题"第 6 块饼干上的糖豆是什么颜色？""第 10 块饼干上的糖豆是什么颜色？"和孩子复习序数词。

艾伯帮大忙

[美] 埃莉诺·梅 著 [美] 德博拉·梅尔蒙 绘 陈青 译

江苏凤凰少年儿童出版社

图书在版编目（CIP）数据

鼠小弟爱数学. 4～6岁 / （美）埃莉诺·梅等著 ；（美）德博拉·梅尔蒙绘 ；陈青译. —— 南京 ：江苏凤凰少年儿童出版社，2020.9
ISBN 978-7-5584-1978-2

Ⅰ. ①鼠… Ⅱ. ①埃… ②德… ③陈… Ⅲ. ①数学－儿童读物 Ⅳ. ①O1-49

中国版本图书馆CIP数据核字(2020)第153594号

Albert Helps Out / by Eleanor May; illustrations by Deborah Melmon

著作权合同登记号　图字：10-2019-391　10-2020-271

书　　名　鼠小弟爱数学. 4～6 岁

著　　者　[美] 埃莉诺·梅 等
绘　　者　[美] 德博拉·梅尔蒙
译　　者　陈　青
责任编辑　朱其娣　瞿清源
特邀编辑　刘洁青　汪昕培
装帧设计　王小喆
内文制作　田晓波
责任印制　马春来
出版发行　江苏凤凰少年儿童出版社
地　　址　南京市湖南路 1 号 A 楼，邮编：210009
印　　刷　北京奇良海德印刷股份有限公司
开　　本　889 毫米 ×1194 毫米　1/20
印　　张　16
版　　次　2020 年 9 月第 1 版
　　　　　　2024 年 4 月第 11 次印刷
书　　号　ISBN 978-7-5584-1978-2
定　　价　168.00 元（全 10 册）

序 言

亲爱的家长朋友和老师们：

我常常听到不少孩子说：“数学可真难啊！”每个说这句话的孩子甚至大人，多多少少都对数学有畏难心理。

数学真的这么难吗？其实不然。我们想为初次接触数学的孩子创造一个奇妙而亲切的数学世界：在这里，数学不再是纸上枯燥的数字，而是日常生活的一部分，甚至是一场神奇的探险。

在“鼠小弟爱数学”系列图书中，孩子们会情不自禁地跟随艾伯和艾达这对机智、可爱的姐弟，一起解决“小如鼠”的问题和“大如猫”的麻烦！

这套书里的每个故事都会介绍一个基础的数学概念。在故事里，小老鼠们用回形针测量长短，把大鞋子搬回家当游戏屋；自己动手做小蛋糕，在制作的过程中学会“第 1 步”“第 2 步”等序数词；生日当天收到精美的礼物，认识了球体、圆锥体、正方体；上学后，理解了昨天、今天和明天，弄清楚了星期的概念……瞧，这就是数学，让孩子越学越开心！每本书都附有好玩的活动和小游戏，让数学概念更加清晰，便于孩子理解、记忆和学习，还能够引导孩子思考、讨论数学，并将其运用到生活中去。

我们的出版团队由学前教育专家组成，他们曾参与许多数学和语言教材的编写工作。我们为 5~9 岁孩子编写的“数学帮帮忙”系列，曾获美国《学习杂志》“教师推荐儿童读物奖”。而“鼠小弟爱数学”系列就是《数学帮帮忙》的幼儿启蒙版，我们衷心希望每本书都能给孩子、家长和老师带来帮助。

值得一提的是，“鼠小弟爱数学”系列图书也是一套出色的幼儿生活绘本，每个故事都蕴含着成长的道理。希望孩子们能一遍又一遍地听和读这些故事，长大后充满热情地学习数学，并用数学这个有力的工具，去探索我们生活的这个世界！

琼安・凯恩

Joanne Kane

美国资深儿童教育专家

“数学帮帮忙”“鼠小弟爱数学”系列图书原出版人

图书馆里添置了一台崭新的机器。

“这是干什么用的？”艾伯问道。

“这是一台铸币机，”姐姐艾达向他解释，“你放进去一枚 1 分钱硬币，然后转动这个把手，机器就会压出一枚印着新图案的 1 分钱硬币。”

“我有 1 分钱！”艾伯说，“我能印《史莱姆队长》的图案吗？”

艾达看了下机器上的操作说明，说：“你还要再投两枚 25 分的硬币。”

读书会
晚上7点

哗啦！

“哦，天哪！”

图书管理员克朗老师正在整理书架，

她一不小心碰掉了好几本书。

艾伯连忙跑过去，帮她把书捡起来。

“你真是帮了我的大忙，艾伯！”克朗老师说。

“举手之劳，我喜欢帮忙。”艾伯说。

离开图书馆时，艾伯问艾达：“我怎样才能得到两枚 25 分的硬币呢？”

“克朗老师说你帮了她大忙，或许你可以通过帮助别人来挣钱。”

艾达说着停下了脚步，“你能帮我开下门吗？我手上的书太多了。”

“那我帮你开门，你会付我多少钱？”艾伯问。

“艾伯！”艾达说，“我不是说帮这种忙就能挣钱！”

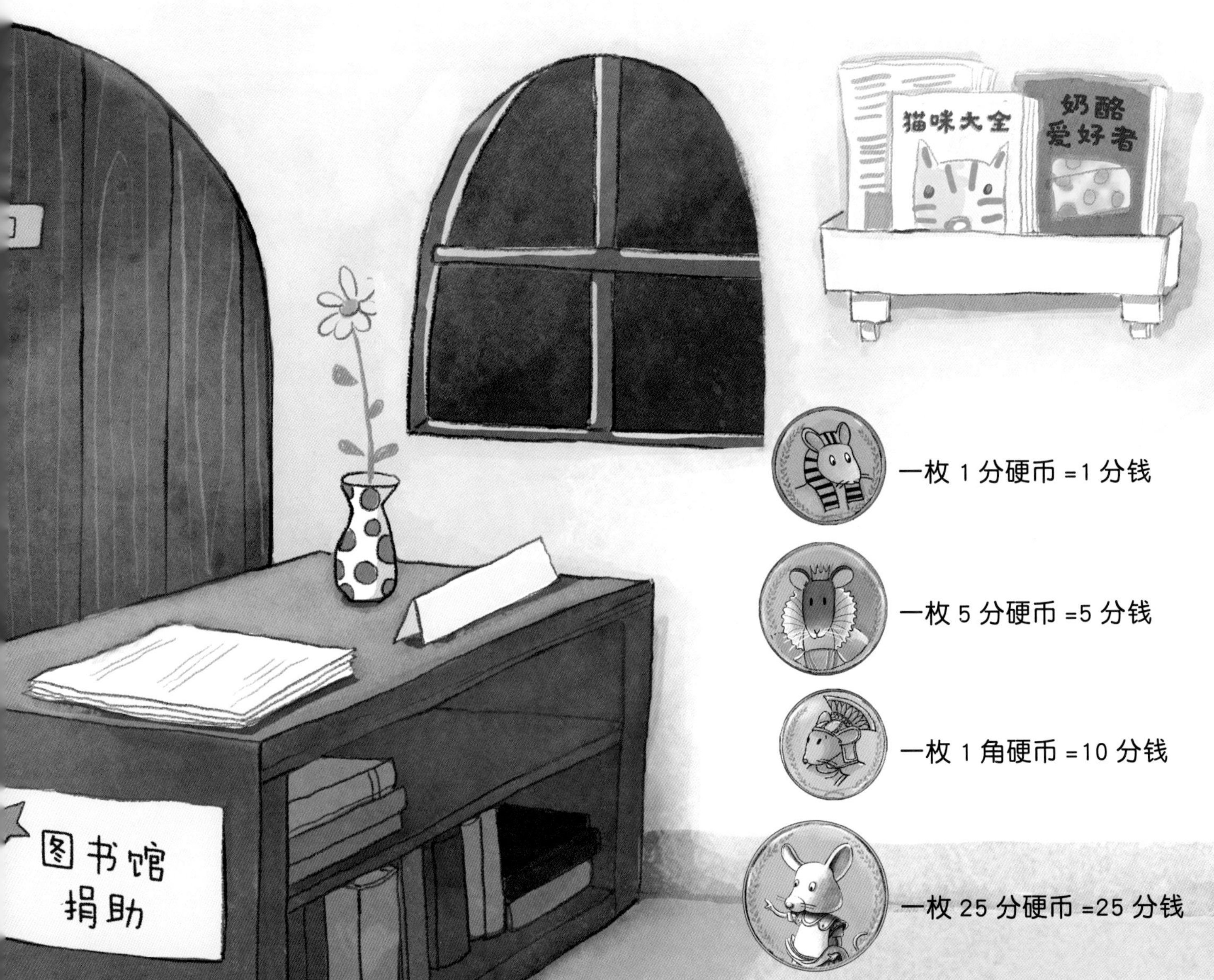

回到家后，艾达坐下来开始看书。

“如果我帮你打扫房间，你会付我钱吗？”艾伯问。

“或者我可以为你做一份超级美味的甜点。”

“不用了，谢谢。”艾达说。

“这样吧！”艾伯又提议，“我给你唱一首你最喜欢的歌吧！”

“你能不能安静地待一会儿呢？”艾达说，

“如果你能让我安静地看会儿书，每安静一分钟，我就付你 1 分钱。”

于是，艾伯坐了下来。他静静地等待着……

继续等待着……

还在等待着……

终于，艾达合上了书。

艾伯立刻跳了起来："我安静了多少分钟？一百分钟？还是一千分钟了？"

艾达看了看她的手表说："你只安静了四分钟。"

艾达拿出她的小猪存钱罐，数出四枚 1 分钱硬币：

“一、二、三、四。”

“现在我有五枚 1 分钱了，”艾伯说，“这样够两枚 25 分吗？”

“还不够呢，不过我可以换给你一枚 5 分硬币。”艾达说。

艾伯拿起 5 分硬币，问艾达：

“你想不想让我继续保持安静，再看一本书呀？”

“我可付不起钱了。”艾达说，“你可以出去问问邻居们需不需要帮忙呀。”

艾伯敲响了邻居尼波太太家的门。

“你好啊，艾伯！”尼波太太打开门说，

“我刚做好了奶酪饼干，你来帮我尝尝味道怎么样？”

“帮这个忙，您会付我钱吗？”艾伯问。

“什么？”尼波太太没听明白。

“我正在想办法挣钱，”艾伯向尼波太太解释说，

“艾达说我可以问问您需不需要帮忙。”

尼波太太想了想，笑着说：

“你可以帮我去遛蟋蟀小蓝，我会付你 5 分钱。”

在遛小蓝的路上，艾伯碰到了另一位邻居斯科先生。

“我在帮尼波太太遛小蓝呢，”艾伯说，“她会付我 5 分钱作为报酬。”

斯科先生问艾伯：“那你能不能也帮我遛遛瓢虫小拉呀？

我现在就可以付你报酬！”

“现在我有两枚 5 分硬币了，”艾伯说，“够 25 分了吗？”

斯科先生摇摇头：“还不够呢。不过我可以换给你一枚 1 角硬币。”

艾伯继续遛着小蓝和小拉，忽然听到一阵吵闹声，转头一看是皮特表哥。

“皮特表哥，你是在帮忙照看小鼠三胞胎吗？”

皮特点点头：“是啊，她们滑滑梯都不乖乖排队。”

“小蓝！小拉！”小鼠三胞胎高兴地喊起来。

“如果你们能好好排队滑滑梯，”艾伯说，

“我就让你们牵着绳子和小蓝、小拉玩。”

“你干得太棒了！”皮特表哥对艾伯说，“我照看小鼠三胞胎是有报酬的，我应该分给你一些。”于是，他给了艾伯一枚 1 角硬币。

“现在我有两枚 1 角硬币了！”艾伯高兴地说，“够 25 分了吗？”

“就快够了。”皮特表哥说。

艾伯把小蓝和小拉分别送回了家。

尼波太太给了艾伯一枚 5 分硬币作为报酬。

“现在我有两枚 1 角硬币，还有一枚 5 分硬币。”艾伯说。

“我可以换给你一枚 25 分硬币。”尼波太太说。

“是吗？太好了！”艾伯欢呼起来。

“你打算怎么花这些钱呢？”尼波太太问艾伯。

“我攒钱是为了用图书馆的铸币机做纪念币。”

艾伯说，“我需要两枚 25 分硬币，现在已经有一半了。”

尼波太太笑了：“原来是这样，那我再给你一枚 25 分吧。

这些钱可以帮助图书馆买更多的书，这很有意义。”

“哇，真是太感谢您了！”艾伯说。

“快看，艾达！”艾伯冲进屋子里，兴奋地喊道，

“我有两枚 25 分硬币了！我们现在能去图书馆了吗？”

“当然可以！”艾达说，“你不在的时候，我把书都看完了。”

到了图书馆，艾伯直接来到铸币机前。

他把两枚 25 分硬币塞进了投币口，然后——

“哎呀，糟糕！”艾伯喊道，“我有两枚 25 分硬币，

可是我还缺一枚 1 分的呀！”

“给我帮过忙的艾伯需要 1 分硬币？”

克朗老师正好听到，“我想我可以给你——”

哗啦！

艾伯帮克朗老师捡起掉在地上的书，然后收下了那枚 1 分硬币。

“我觉得现在我应该再给你一枚 1 分硬币。”克朗老师开玩笑地说。

艾伯笑了：“有一枚就够啦！”

“我喜欢帮忙！”

有趣的活动

《艾伯帮大忙》能够帮助孩子理解数学启蒙中的一个重要知识点——**认识货币和货币换算**。和孩子一起做一做下面的活动，帮助他进一步拓展数学思维，提升阅读能力。

读前猜一猜

▶ 让孩子先观察本书封面，鼓励他猜一猜这个故事可能讲的是什么。记录下孩子的回答，等读完故事再来回顾一下。

▶ 问问孩子有没有为了自己特别想要的东西而存过钱。让他说一说当时想买什么，又是怎么存钱的。

▶ 和孩子一起读故事，看看艾伯为了买某样特别想要的东西是怎么挣钱的。

读后说一说

▶ 读完故事后，试着让孩子用自己的话复述这个故事。故事一开始发生了什么，中间发生了什么，最后又发生了什么？

▶ 问问孩子：“想玩一次铸币机，艾伯需要多少钱？你还记得故事里艾伯挣到的不同硬币面值多少吗？”可以在白纸或小黑板上把硬币面值都写下来，供孩子参考。

▶ 让孩子说一说故事中艾伯学到了什么，鼓励孩子和小伙伴讨论。再问问他：“你会怎样帮助别人呢？”让孩子和小伙伴一起，想一些帮助他人的方法。

动手做一做

银行小职员

▶ 为孩子准备一个装有多枚人民币 1 元、5 角、1 角硬币的袋子。

▶ 让孩子想出总价值为 1 元 5 角的硬币组合方式，方式越多越好。

▶ 让孩子把这些答案都记录在小黑板或白纸上。

▶ 再以 2 元为总价值，让孩子想想不同的硬币组合。

小挑战！让孩子想出 5 种总价值为 2 元 5 角的硬币组合，把结果记录下来。

开心玩一玩

“攒钱”小能手

▶ 在开始游戏前，和孩子再复习一下总价值为 1 元 5 角的不同硬币组合。

▶ 这个游戏需要找一位小伙伴一起玩，给孩子们一个骰子和一个装有多枚 1 元、5 角、1 角硬币的袋子。让孩子轮流投骰子，投出几点就从袋子里拿出几个硬币。凑够了五个 1 角硬币，就能兑换一个 5 角硬币；凑够了两个 5 角硬币，就能兑换一个 1 元硬币。最先换到 1 元硬币的孩子就是赢家！

▶ 等孩子熟悉了“用小面值硬币兑换大面值硬币”这个游戏规则之后，再把目标金额提高到 2 元、5 元！

玩具屋大冒险

[美] 劳拉·德里斯科尔 著 [美] 德博拉·梅尔蒙 绘 陈青 译

江苏凤凰少年儿童出版社

序 言

亲爱的家长朋友和老师们：

我常常听到不少孩子说："数学可真难啊！"每个说这句话的孩子甚至大人，多多少少都对数学有畏难心理。

数学真的这么难吗？其实不然。我们想为初次接触数学的孩子创造一个奇妙而亲切的数学世界：在这里，数学不再是纸上枯燥的数字，而是日常生活的一部分，甚至是一场神奇的探险。

在"鼠小弟爱数学"系列图书中，孩子们会情不自禁地跟随艾伯和艾达这对机智、可爱的姐弟，一起解决"小如鼠"的问题和"大如猫"的麻烦！

这套书里的每个故事都会介绍一个基础的数学概念。在故事里，小老鼠们用回形针测量长短，把大鞋子搬回家当游戏屋；自己动手做小蛋糕，在制作的过程中学会"第 1 步""第 2 步"等序数词；生日当天收到精美的礼物，认识了球体、圆锥体、正方体；上学后，理解了昨天、今天和明天，弄清楚了星期的概念……瞧，这就是数学，让孩子越学越开心！每本书都附有好玩的活动和小游戏，让数学概念更加清晰，便于孩子理解、记忆和学习，还能够引导孩子思考、讨论数学，并将其运用到生活中去。

我们的出版团队由学前教育专家组成，他们曾参与许多数学和语言教材的编写工作。我们为 5~9 岁孩子编写的"数学帮帮忙"系列，曾获美国《学习杂志》"教师推荐儿童读物奖"。而"鼠小弟爱数学"系列就是《数学帮帮忙》的幼儿启蒙版，我们衷心希望每本书都能给孩子、家长和老师带来帮助。

值得一提的是，"鼠小弟爱数学"系列图书也是一套出色的幼儿生活绘本，每个故事都蕴含着成长的道理。希望孩子们能一遍又一遍地听和读这些故事，长大后充满热情地学习数学，并用数学这个有力的工具，去探索我们生活的这个世界！

琼安·凯恩

Joanne Kane

美国资深儿童教育专家

"数学帮帮忙""鼠小弟爱数学"系列图书原出版人

艾伯一蹦一跳地跟着姐姐艾达去往人类的玩具屋。

他们的朋友利奥也跟在后面。

“真不敢相信，妈妈同意我们去了！”艾伯说。

玩具屋离小老鼠们的家有很长一段路，通常妈妈是不允许他们去的。

不过最近，情况有点儿不一样……

人类已经离开房子好几天了。

他们收拾好行李，把所有东西都装进了汽车——

包括那只猫。

“不知道人类什么时候会回来，”艾达提醒道，

“所以我们要时刻做好迅速撤离的准备，

还要把玩过的东西放回原位——不然他们就会发现我们来过了！”

艾伯紧张地咽了下口水：要是人类发现他们去过玩具屋会怎么样呢？

等他们到了玩具屋，刚才的担心艾伯一下就忘光了。

因为，这里有太多好玩的东西啦!

利奥玩起了弹珠。

艾达兴奋地跑到书架那儿。

ABC

艾伯从一个玩具盒跳到另一个玩具盒。

“哇哦！”他一边欢呼，一边扔球玩。

“哟嚯！”他又大叫着从一节玩具火车轨道上滑下来。

“利奥！艾达！”艾伯站在玩具架顶层大喊，
“快看！我能举起一列火车！”
“哇！”利奥惊叹了一声。
“小心点儿，艾伯！”艾达喊道，“别站得太靠边……”
ABC

但是，已经来不及了。

只听见艾伯大喊了一声“哎哟”，玩具盒摇摇欲坠。

他赶紧抓住架子，可玩具盒还是掉了下来，还撞上了其他盒子。

砰！砰！

艾达和利奥赶紧躲到一边。

三只小老鼠看着面前一片狼藉，大眼瞪着小眼。

“啊哦——”利奥说。

“哦，不！”艾伯吓坏了。

必须把所有东西都归回原位，否则人类就会发现他们来过！

可是，该怎么复原呢？

“我去找别的伙伴来帮忙，”艾达说，
“你们把这些东西分好类，这样更容易放回原来的盒子里。
只需要把相同或相似的玩具堆在一起就行。”
说完，艾达就跑开了。

“嗯……”艾伯说，“究竟哪些玩具是相似的？”

他看看蓝色的弹珠和蓝色的积木。

“这些颜色是一样的——都是蓝色。我来把蓝色的东西归一堆！”

说完，艾伯把蓝色的火车厢也堆了上去。

利奥挑出了一个黄色的弹珠和一个红色的球，“这些都是圆形的、能滚动，”他说，“我可以把这些圆的东西归一堆。”

艾伯和利奥跑来跑去，分类了好几堆。

“小的东西！”

“大的东西！”

“红色的东西！”

艾伯抱起一个蓝色弹力球，准备往玩具堆里放，

可是他停了下来：应该把它放进蓝色玩具堆里，

还是圆形玩具堆里呢？

不一会儿，艾达带着一群朋友回来了。

“你们俩还挺能干！”她看着四周的玩具堆说。

艾达指着每个盒子上的图片标签说："其实我们只需要分四堆，

弹珠一堆，积木一堆，弹力球一堆，还有小火车一堆。"

艾伯和利奥互相看了看。

他们还得把所有的玩具重新分一遍吗？

“你们可以按照很多不同的方法来分类，”艾达说，

“而且你们做到了！比如根据颜色来分类……”

“根据形状来分类……

“还有根据大小来分类。”

“但是现在我们需要按照玩具类型来分类，”

艾达说，“这些都是弹珠，所以它们都要放进弹珠罐子里。”

艾达又解释说，所有的小火车要放进火车盒子里，

积木要放进积木盒子里，还有弹力球要放进弹力球盒子里。

幸好，现在有很多小伙伴来帮忙。

ABC

没过多久，地板上就只剩一颗弹珠了。

“我来放！”艾伯大声说。

他把弹珠塞在衣服下面，然后爬上玩具架。

可是，当艾伯站到了弹珠罐口，他怎么也没法把弹珠从衣服里掏出来。

他掏啊，拽啊，结果——

“啊！”他大喊一声，掉进了弹珠罐子里。

就在这时，突然传来了开门声，还有说话声。

“不会吧！”艾达说，“人类回来了！”

小老鼠们全都赶紧跑回老鼠洞——除了利奥和艾达。

他们俩爬到罐子口想帮艾伯。

“艾伯，快点儿！”艾达说，“快抓住我的手！”

艾伯使劲儿伸手，可还是够不着。

他脚下的弹珠一直滚来滚去！

这时，一张巨大的、毛茸茸的脸出现在门口。

是球球!

“利奥！”艾达喊道，“快——把罐子弄倒！”

艾达和利奥使劲儿拽罐子口，罐子终于倒了。

艾伯和一大堆弹珠一起从罐子里滚了出来!

趁着弹珠滚落一地，他们飞快地向洞口跑去。

球球跳了起来，想抓住他们，可爪子正好踩在弹珠上。

当艾伯、艾达和利奥冲向老鼠洞的时候，

球球却在弹珠上滑啊滑，摔了个大马趴。

“我们成功了！”艾伯说，“真是太危险了。不过，我们又把玩具屋弄得乱七八糟了。”

艾达大笑起来：“是啊，但我们很幸运，人类不会想到是小老鼠弄乱的！”

《玩具屋大冒险》能够帮助孩子理解数学启蒙中的两个重要知识点——**属性和分类**。和孩子一起做一做下面的活动，帮助他进一步拓展数学思维，提升阅读能力。

读前猜一猜

▶ 让孩子先观察本书封面，鼓励他猜一猜这个故事可能讲的是什么。记录下孩子的回答，等读完故事再来回顾一下。

▶ 问问孩子有没有把家里的房间弄得一团糟过？鼓励孩子说出自己的经历，说说是怎么弄乱，又是怎么收拾整理的。当时他需要帮助吗？这个环节你或许会听到很多有意思的故事！

▶ 现在和孩子一起，来读读这个故事，看看艾伯的经历吧！

读后说一说

▶ 读完故事后，让孩子用自己的话复述一下整个故事。一开始发生了什么？中间发生了什么？最后又发生了什么呢？

▶ 让孩子回忆一下，当艾达去找朋友们帮忙时，艾伯和利奥是如何整理房间的。他们怎么给玩具分类的？按颜色、大小，还是种类？让孩子回到故事中去寻找答案。以“分类方法”为题列一个表格，记录下孩子描述的艾伯和利奥给玩具分类的方式。

▶ 当艾达带着一群朋友回到房间时，她做了什么？她是怎么给玩具分类的？为什么呢？把新的玩具分类方式记录在刚才的表格里，向孩子强调分类的方式可以有很多种。

▶ 问问孩子：“如果你是故事中的小老鼠，你会怎么给玩具分类呢？你还有什么新方法吗？”把孩子的想法也记录到表格里。

动手做一做

整理最快乐!

▶ 给孩子准备一个容器，让他在房间里收集 15 样小东西（如积木、蜡笔、小球、小汽车、过家家玩具等），然后放进容器中。

▶ 孩子集满 15 样东西后，让他给这些东西分类。让孩子参考刚才列的表格，选一种他喜欢的分类方式。分类完成后，让孩子说说他为什么会选择这种分类。

开心玩一玩

猜猜我的分类法!

▶ 准备这些材料：不同特征的积木，两根长长的细绳。

▶ 把不同形状、颜色、大小的积木收集到一起。取一根细绳打结，在地上围成一个绳圈。

▶ 在心里想一种给积木分类的方法（比如，黄色的积木或小块的积木等），但不要告诉孩子（孩子会在一次次尝试中自己发现你的分类方法）。

▶ 告诉孩子："我已经想好怎么给积木分类了，但先不告诉你。每次你把一块积木放进圆圈里时，如果符合我的分类方法，我就会说'对了，可以放'，不符合，我就会说'不对，不能放'。玩了几次后请你想一想，哪些积木我让你放进圆圈，哪些不让你放，从中找出我的分类方法。"要确保孩子完全理解这个游戏规则。

▶ 让孩子将一块块积木依次放进圆圈，你通过说"对了"或"不对"来表明这块积木应不应该放进圈内。让孩子注意观察哪类积木能放进圈中，哪类不行。孩子放得越多，这种分类方法就体现得越明显。

小挑战：延续上面的规则，但这次使用两个绳圈，并让两个绳圈中间重叠一部分区域。这次想出两种属性，让孩子通过判断重叠区域的积木属性来猜测分类方法。比如，如果将"黄色"和"大块"作为分类属性，就将黄色的大块积木放进中间的重叠区域，将大块的非黄色积木放进左边区域，将黄色的小块积木放进右边区域。重复游戏，发现更多分类的乐趣!